강대국의 유혹

냉전 이후의 미국외교정책

로널드 스틸 지음
장 성 민 옮김

Temptations of a Superpower

Ronald Steel

Harvard University Press

Cambridge, Massachusetts

London, England

1995

역자서문

브레진스키의 표현대로 공산주의의 실험이 대실패(the Grand Failure)로 끝나자 프란시스 후쿠야마는 '역사의 종언(the End of History)'이라는 역사철학적 선언을 함으로써 냉전종식을 정리해냈다. 이는 미소간의 양극대결체제였던 냉전에서 미국 중심의 정치 및 경제적 자유주의가 소련 중심의 사회주의에 이겼음을 적극적으로 해석한 것이다. 즉 이의 최종적 합의는 냉전에서 미국이 승리했음을 선언한 것이며, 탈냉전의 지금에 이르러서는 오직 미국만이 세계 유일패권국가로 남게 되었음을 함축한 것이다. 그러나 이와 같은 미국의 '낙관적 초강대국론'은 냉전대결로 악화된 미국의 현국가능력을 정확하게 진단하지 못한 오류이고, 이는 장차 미국의 국제적 지위를 지금의 그것보다 더욱 쇠퇴시킬 위험성이 큰 '함정적 시각'이라고 분석한 한 권의 책이 나와 화제를 낳고 있다. 이 책의 저자는 이미 냉전의 갈등이 한참 심화되어가고 있을 무렵인 1967년에 『팍스 아메리카나(*Pax Americana*)』와 같은 책을 펴내 세계정치학계는 물론 인접사회과학계에 이르기까지 커다란 관심을 모았던 로널드 스틸(미국 남캘리포니아 대학, 정치학 교수)이다.

저자는 이 책 『강대국의 유혹(*Temptations of a Superpower*)』(하버드 대학 출판부)에서 크게 세 가지 점을 강조하고 있다. 첫째는 책의 제목에서 암시해 주고 있듯이 탈냉전시대인 오늘의 미국은 더이상 냉전시대와 같은 성격의 강대국도, 패권국가도 아니라는 점이다. 그렇기 때문에 이제는 지난 시대와 같은 강대국의 유혹에 빠져들지 말아야 한다는 점을 역설하고 있다. 과거 냉전기에는 '악의 제국(evil empire)'이라 불리던 소련이란 공동(共同)의 적(敵)이 있었기 때문에 늑대(구소련)로부터 양떼들(자유진영)을 보호한다는 차원에서 서방세계는 동맹이란 이름하에 결속될 수 있었고, 일단 동맹국클럽에 가입하게 되면 이는 보호국과 피보호국(patron-client)간의 보호의무와 충성이란 상호이익에 기반된 돈독한 공생관계가 지속됨으로써 이 양자간의 관계는 친구로까지 발전될 수 있었다. 그러나 냉전이 종식된 지금에 와서는 공동의 적이 사라짐으로써 동맹의 끈도 느슨해져, 동맹국클럽 안에서 유지되었던 보호국과 피보호국과의 관계가 불명확해지고 있음은 물론 어제의 친구가 오늘의 약탈적 경쟁자로 변해버렸다는 점을 지적하고 있다. 이처럼 탈냉전의 국제정치현실에서는 미국이 국제정치를 주도해 나갈 수 있는 힘이 약화되었기 때문에 냉전시대와 같은 강대국의 유혹과 메시아적 국제주의로부터 벗어나지 못한다면, 이는 갈수록 미국의 통제력을 약화시킬 뿐만 아니라 오히려 미국을 대체하게 될 강력한 경쟁국가들만을 창출해 내는 역기능을 낳는다고 분석하고 있다. 이는 또한 냉전에 대한 평가가 경제적 파산으로 가기 위한 경쟁적 게임이었다는 시각과 핵홀로코스트의 공포와 전쟁가능성의 위협 속에서도 국제사회가 유지해 온 '긴 평화의 시대(the Long Peace)'였다는 서로 상반된 시각을 낳았다면, 오늘의 미국은 전자로부터 영향받은 휴유증의 심각성을 먼저 인식해야 한다는 필요성을 언급하고 있다. 이제 미국은 세계경찰국가로서 '감시와 처벌'을 동시에 할 수 있는 역할과 지위도 갖지 못한 상태이며, 냉전시대와 같은 독자적 행위를 일방적으로 취할 수 있는 입장에 있지도 않다는 것이다.

이 책이 담고 있는 두 번째 강조점은 탈냉전시대의 도래와 함께 미국외교정책의 기조로서 민주주의 이념의 한계성을 분석해 낸 부분이다. 공산주의 세계의 붕괴로 국제질서가 재편됨에 따라 미국외교정책도 변화된 세계질서구조에 맞게 전면 재조정되어야 함을 역설하고 있다. 냉전 당시 미국이 내세웠던 외교정책의 기조로서 민주주의는 이제 더이상 공산주의 이념에 대한 반(反)개념으로서도, 제3세계 국가들에게 안정과 번영을 가져다 주는 '구원의 이데올로기'로서도 그 기능성이 상실되는 시대를 맞았다는 것이다. 이는 또한 미국에게는 국익을 포장한 합리적 외교정책의 수단과 자유진영을 묶어두는 패권국가의 이데올로기로서도 그 효력이 소진되었음을 주장하고 있다. 특히 제3세계 국가들에게 민주주의는 더이상 구원의 이데올로기로서 작용될 수 없다는 구체적 사례까지 들고 있어 이 책은 더욱 흥미롭다. 민주주의 국가인 인도가 권위주의 국가인 중국에 비해 유아사망률에서 3배나 높고, 성인문맹률에서 2배나 높으며, 경제성장률은 중국의 절반에도 미치지 못한다는 '슬픈 현실'을 드러냄으로써 민주주의는 더이상 구원의 선물이 아님을 밝혀내고 있다.

끝으로 이 책은 공산주의 국가의 몰락과 더불어 미국외교정책으로서 민주주의 이념의 한계성을 명확히 분석하면서, 탈냉전시대의 미국외교정책의 기조는 민주주의보다 더욱 높은 단계의 가치개념인 덕(virtue)과 도덕(morality)으로 대체되어야 함을 강조하고 있다. 냉전시대의 힘과 권력에 기반한 강압적 외교정책보다는 겸손과 도덕을 중요시한 연성외교가 더욱 설득력있다는 것이다. 그러나 저자는 도덕과 덕의 가치개념으로 대체될 미국외교정책의 기조에 대해서는 아직 구체적 방향을 제시하지 못하고 있을 뿐만 아니라 국가이익과 도덕간의 조화가 추구될 수 있는 방법 또한 뚜렷하게 그려내진 못하고 있다. 그럼에도 불구하고 미국외교정책의 기조를 새로운 국제환경에 맞게 전면 재조정해야 한다는 필요성을 역설한 점은 이 책이 갖는 하나의 특징이라고 할 수 있다.

이제 시장민주주의가 크렘린의 복도에서까지 연주되고 있는 현실에서 미국은 더이상 지난 냉전시절의 강대국의 역할을 그리워 하지 말아야 한다는 것이다. 오히려 탈냉전시대인 오늘에 맞는 새로운 신화를 재창조해 나가야 한다는 주장이다. 지금의 세계질서는 이미 얄타회담으로 결빙된 냉전체제에서, 몰타회담으로 해빙된 탈냉전체제로 대체되었음에도 불구하고 아직도 냉전의 잔영에서 벗어나지 못한 미국외교정책을 통렬하게 비판하고 있어 이 책은 우리에게 신선한 충격을 전해주고 있다.

이제 이 책을 번역하게 된 동기나 배경을 몇 가지 첨언하면서 글을 맺고자 한다. 그동안 역자는 이 책을 번역해 오면서 우리나라의 외교정책에 관해 많은 생각을 해왔다. 우리의 대미외교정책의 일관성 문제와 이러한 정책 그 자체가 어떠한 논리에 근거하고 있고, 정책결정은 어떻게 내려지며 정책결정의 형성과정은 또한 어떠한 방법으로 이루어지고 있는가에 대해 많은 의문을 가져왔다. 가끔씩 국가 안보가 위기상황에 직면할 때면, 이러한 위기에 대처하기 위해 안보5장관회의가 소집되는 것을 보면서 과연 저 다섯 분 가운데 어떤 분이 안보전문가일까라는 의문도 가지고 있었다. 우리에게 있어서 안보는 무엇이며 위기는 어떤 상황을 일컫는 것일까? 그리고 안보위기란 또한 어떤 것인가? 아마 지금까지의 우리 정부의 외교정책 행태를 관찰해 보건대 위기를 더욱 편안하게 관리하거나 보호해 왔다가 필요시 이를 꺼내서 활용해 왔던 것이 우리 정부의 안보관은 아닐까? 그래서 우리에게 있어서 안보정책은 역설적이게도 위기를 편안하게 보호하는 정책을 일컫는 것은 아니었을까? 안보의 시지프스는 끝내 위기의 카멜레온을 따라 잡을 수는 없는 것일까? 최근에 북미관계가 급진전됨에 따라 우리 정부의 외교정책 결정자들은 상당히 초조해 함은 물론 일말의 위기의식을 느끼고 있는 듯한 감을 떨쳐버리지 못하고 있다. 좀더 솔직히 표현하면 미국의 대북외교정책의 노선을 놓고 아직도 혼란스러워 하고 있는 듯한 느낌이다. 이는 곧 이미 탈냉전으로 치달아 버린 미국외교정책에 비해 우리의 외교정책 결정자들의 사고는 여전히 냉전적 그늘로부터 벗어나지 못한 데 따른 인식의 차이 때문이다.

역자가 이 책을 번역하기로 결심하게 된 동기도 바로 여기에 있었다. 이 한 권의 책이 세상에 나와 국가이익(National interest)을 관리하는 외교정책 결정자들에게 보다 정확한 미국외교정책을 이해할 수 있는 미시적 근거라도 제공할 수 있기를 바란다. 그것은 또한 우리의 국가이익과 직결되는 문제이기도 하다.

그동안 이 책이 번역되어 나오는 데는 많은 분들의 도움이 있었다. 우선 내가 이 책을 맨처음 접하게 된 것은 미국외교정책전문지인 ≪포린 어페어즈(Foreign Affairs)≫를 통해서였다. 『역사의 종언(The End of History)』으로 우리에게 널리 알려진 프란시스 후쿠야마는 이 외교전문지의 사회과학 서평란을 맡고 있는데, 그가 미국내 신간서적을 소개하면서 이 책을 추천한 것이다.

이 책을 포함해 많은 신간서적들을 가장 빠른 방법으로 받아볼 수 있도록 도와주셨던 미국에 계신 준이와 주희 어머니께 감사드린다. 더불어 미국에서 공부하고 있는 준이와 주희가 훌륭하게 자라기를 이 기회를 빌어 전하고 싶다.

또한 어떤 출판사에서 이 책을 낼 것인가 고민하고 있던 내게 도서출판 한울을 소개시켜준 준호 형도 큰 도움이 되었다. 형은 늘 내게 공부에 대한 끊임없는 자극제가 되어 왔다.

무엇보다도 이 책의 출판을 흔쾌히 받아주셨던 김종수 사장님과 이 책에 많은 관심을 가졌던 오현주 과장님, 그리고 교정작업과 번거로운 역할을 피하려 하지 않았던 신선경 씨에게도 고마움을 표하고 싶다. 그 외에 바쁜 나날 속에서도 한국어판 서문을 써 달라는 역자의 요청을 마다하지 않고 기꺼이 써보내 주었던 로널드 스틸 교수의 섬세함에 깊은 감사를 보낸다. 또한 저자의 연락처를 역자에게 전해준 재일이 형과 국제정치에 관해 많은 의견들을 토론했던 친구 광규에게도 고마움을 전한다. 끝으로 사랑스런 두 아이, 세영과 세린을 통치하느라 애쓰는 아내 은주에게도 감사의 마음을 전한다.

장성민

한국어판 서문

모든 미국의 외교정책은 남한과의 관계보다는 냉전의 사고와 역학관계 속에 더욱 깊이 뿌리 내리고 있었다. 지금까지의 미국 외교정책은 냉전으로부터 태어났고, 냉전에 의해 정당화되었으며, 수십 년 동안 냉전을 먹고 자라왔다. 냉전은 실질적으로 당대의 가장 지속적이고도 기념비적인 사례로서, 남아 있는 갈등을 하나도 손상시키지 않은 채 그대로 온존시켜 왔다. 이제 구소련은 사라졌고, 중국은 자본주의로 전환했으며, 아시아는 오늘날 전세계에서 가장 역동적인 경제지역으로 변해가고 있다. 그러나 여전히 미군은 38선에 남아 있으면서 남한을 무력으로 통일하려는 북한의 어떠한 시도도 즉각 격퇴시킬 준비를 하고 있다.

이 책의 중심 테마는 냉전기간 중에 세워진 미국외교정책의 시대에 뒤떨어진 퇴행성을 지적함과 동시에 공산주의와의 투쟁이 종식된 이래 미국외교정책이 전세계의 거대한 변화에 상상력 있게 대응하지 못하고 있는 점을 지적한 것이다. 한반도에 대한 미국외교정책은 여전히 한국의 현실과 미국의 이해관계에 관해 시대에 뒤처진 냉전의 평가 위에 근거하고 있는 것은 아닌가? 심지어 보다 중요한 것은 한국인들과 그들 아시아 이웃국들에게 있어서 미국의 외교정책이 남북한 사이의 군사적, 경제적, 정치적 관계에 대해서까지도 한 시대에 뒤처진 평가에 근거하고 있는 것은 아닌가 하는 점이다.

확실히 우리는 1950년대와는 다른 세상에 살고 있다. 그 당시 냉전은 하나의 치명적인 전환점을 가져다 주었고, 구소련의 핵능력 발전은 전세계 지역 어느 곳에서든지 전쟁이 갑작스럽게 발발할지도 모른다는 두려움을 서구인들에게 한층 일깨워 주었다.

오늘의 북한은 자국의 국민들을 먹여 살릴 수도 없고 국제사회에서 친구도 없으며 바로 북한과 인접해 있는 이웃국가들을 제외하고는 전략적으로도 별로 중요한 가치를 지니지 않는 매우 궁핍하고 고통스런 나라이다. 이와는 대조적으로 남한은 전후세계에서 가장 성공적인 화제를 낳고 있는 나라 중의 하나이다. 한때는 찌들게 가난으로 허덕였던 나라였고 오랫동안 외래의 점령으로 괴롭힘을 받아왔음에도 불구하고, 오늘날엔 서유럽의 몇몇 국가들과 동등한 정도의 국민소득을 가질 만큼 세계에서 가장 강력한 경제국가 중의 하나가 되었다. 오늘날 남북한의 관계는 과거 동서독의 관계보다도 훨씬 더 불평등한 관계를 이루고 있다(저자는 북한의 궁핍 정도가 일반인들이 생각하는 것보다 훨씬 더 심각한 것으로 추정하고 있음). 남한은 북한에 비해 인구의 2배, 1인당 국민소득의 10배를 능가하고 있으며, 남한의 경제는 북한의 경제가 움추려 드는 것보다 더욱 빠른 속도로 성장하고 있다. 남한의 군대는 북한의 절반 수준을 유지하고 있음에도 불구하고 국방예산이 북한의 7배나 될 만큼 크며, 남한의 군은 가장 현대화된 전쟁장비를 갖추고 있다. 사실 핵무기에 대한 차별을 제외한다면 남북한간에는 어떠한 군사적 균형도 이루어질 수 없다. 북한에 비해 남한이 훨씬 더 부유하고 강력하다. 장차 통일은 의심할 여지없이 오게 될 것이지만, 막상 통일이 되었을 때 모든 것은 남한이 지배하게 될 것이다. 마치 잘못 관리되고 포기된 동독의 국가를 서독이 흡수했던 것처럼 남한 역시 통일의 모든 것을 주도하게 될 것이다.

그러나 무엇보다도 한국인들에게 있어서 가장 중요한 문제는 북한이 붕괴할 경우 이를 어떻게 다룰 것인가 하는 문제이다. 이러한 문제는 인내심과 민감한 외교문제까지를 포함하게 된다. 그것은 한국인늘 스스로가 그러한 문제를 다루는 데 있어서 가장 적절하게 준비를 갖춰야 될 문제이기도 하다. 어려운 전환기 동안에 남북한 사이에 벌어지고 있는 오랜 기간 동안 지속되어온 군사적 대결이 전쟁으로까지 치닫지 않았다는 것은 매우 중요한 문제이다. 이것은 서울로 하여금 평양에 대해서 매우 결정적이면서도 다른 차원의 두 가지, 즉 억제(deterrence)와 안심(reassurance)을 요하는 문제이다. 즉 북한의 통치자들로 하여금 남한에 대하여 어떤 폭력적이고도 절박한 군사적 행위를 취하지 못하도록 억제하는 것과 남한으로 하여금 북한체계를 붕괴시킬 어떠한 욕구나

의도를 가지고 있지 않다는 것을 북한에 안심시켜 주는 문제이다.

이제 미군은 더이상 하나의 저당물로서 이용되어서도 안될 뿐만 아니라 서울과 워싱턴에 의해 낡고 구시대적인 전략의 도구로서 이용되어서도 안된다. 미국은 흔들리지 않으면서도 지속적인 미군 이전을 시작해야 한다. 한편으로는 고립된 북한을 안심시키면서 북한을 좀더 폭넓은 공동체 세계로 이끌어 내는 시도를 추구해 나가야 한다. 북한을 안심시키는 정책은 미국 혼자서 제공할 수 있는 그 어떤 것이 아니며, 서울도 함께 이러한 정책을 추구해 나가야 한다. 이것이야말로 낡고 시대에 뒤떨어진 갈등을 불식시킴과 동시에 궁극적인 해결책이 될 수 있다.

결국 남한 정부를 더욱 고무시켜서 군사·정치적인 영역에서 일정한 책임을 떠맡도록 해야 한다. 왜냐하면 남한은 이미 경제적인 영역에서 성공적으로 이를 명확하게 보여주었기 때문이다. 이러한 것들은 결국 미국인들로 하여금 냉전기간 동안에는 필수불가결한 것이었지만 오늘날에 와서는 이례적인 것이 되어 버린 한미간의 관계에 종지부를 찍도록 해줄 것이다(이는 곧 냉전기간 동안에는 동맹국들의 패권국가로서 미국이 많은 부담을 짊어지게 된 것이 매우 당연시 되어 한미간의 긴밀한 관계에는 전혀 문제가 없었으나, 지금의 탈냉전에 들어와서는 냉전 당시에 당연한 것으로 받아들였던 한미간의 관계가 비정상적인 것으로 되어 버렸기 때문에 다시 냉전시대와 같이 긴밀한 한미간의 관계를 유지하려면 한국측이 일정한 책임과 부담을 가져야 된다는 것이다).

차례

머리말

냉전시대는 우리에게 어떤 소명이 있었다. 그러나 지금은 그것이 없다. 그때는 우리에게 강력한 적이 있었으나 지금은 그 적들이 모두 사라졌다. 과거에는 고분고분한 동맹국들이 있었지만 지금은 무역 경쟁자들뿐이다. 과거에 우리는 세계 속에 우리의 위상이 무엇이며 우리의 이익을 어떻게 규정지어야 할지 잘 알았다. 그러나 지금은 그렇지 못하다. 또한 과거에는 '강대국의 오만'이라고 비난받지 않도록 유의해야 했으나 지금은 너무나 겁 많고 조심스럽게 행동하고 있다.

우리가 알고 있던 과거의 세계는 붕괴되었다. 한때 온순하고 잘 길들여졌던 국가들이 지금은 거칠고 어지럽게 행동하고 있다. 예전에는 다같이 즐겁게 지내던 민족들이 지금은 서로 멱살잡이를 하고 있다. 냉전시대의 갈등은 불공평하고 위험한 것들이었다. 그러나 그래도 그것이 세계에 일종의 질서를 부여해 주었다는 것을 냉전이 끝난 지금에야 비로소 알게 되었다. 그러나 지금은 그것마저도 사라졌다.

물론 우리는 승리했다. 그러나 그 승리가 무슨 소용이 있는가? 우리의 적수는 너무도 어이없이 무너졌다. 한 마리의 고래 같은 모습으로가 아니라 허풍으로 잔뜩 부풀어 오른 복어처럼 말이다. 이 갑작스런 사태는 우리를 혼란스럽게, 약간은 당황하게 만들었다. 우리가 검투사 복장을 하고 경기장에 도착해 보니 우리의 상대는 넝마를 입고 종이컵을 흔들며 비실비실 들어오고 있었던 것이다.

그렇다. 저쪽 편은 패배했다. 그러나 우리가 이긴 것일까? 그리고 만일 이겼다면 그 승리가 우리의 힘과 가치의 우월성 때문인가? 아니면 단지 상대에 비해 우리의 호주머니가 넉넉했기 때문인가? 그리고 승리한다는 것이 무엇을 의미하는가? 승리함으로써 우리는 무엇을 할 수 있는가?

우리 정치가들은 우리가 마지막 남은 유일한 초강대국이 됐다는 사실을 의기양양하게 떠들어 댔다. 그러나 그 말은 점차 공허한 메아리를 내기 시작했다. 초강대국은 초강력(superpowerful)해야 한다. 즉 남의 머리통을 내려치고 법을 어기는 자를 잡아 가두고 악당들이 두려워 떨도록 할 수 있어야 한다.

그러나 지금은 초강대국이라는 것이 어떤 의미를 갖는가? 세계 질서의 유지비용을 지불하겠다는 국가가 있는가? 걸프전쟁에서 보듯이 우리 정부는 청구서에 대한 지불을 하려 하지 않았다. 초강대국이 하나밖에 남지 않았을 경우 그 초강대국이라는 것이 어떤 의미가 있을까?

초강대국들이 추는 탱고(the superpower tango)는 듀엣일 때만 완전한 의미를 지닌다. 두 초강대국은 서로 봉쇄하고 도전하고 협박하고 심지어 한판 붙자고 을러대기도 했다. 그들은 비슷한 논리를 내세우고 각종 사태에 대해서 비슷하게 반응했다. 동맹국들을 소집해서 칼자루를 잘그락거리며 겁을 주고 가끔 '정상회담'을 열어 일이 잘 되어 가고 있는가를 확인하곤 했다.

그러나 유일하게 남은 초강대국이 하이티에 민주주의를 심고 보스니아에 인종분규를 해결하는 방법은 어떠했던가? 테러리스트들을 놀라 떨게 하기는 커녕 누가 테러리스트인지조차 알아내지도 못하고 있지 않는가. 중국과 같은 무역 파트너를 어떻게 처벌하려 했던가? 중국은 쌍무무역이 계속되길 바랐다. 그럼에도 불구하고 우리는 국내 인권문제를 이유로 제재하려 하지 않았던가. 페일(Pale)에서 모가디슈(Mogadishu)에 이르기까지 군벌들(warlords)을 겁주는 일은 어땠는가? 그들은 순찰중인 경찰(미국)이 집에 돌아갈 시간이라고 말했는데도 여전히 늦게까지 돌아다니고 있지 않은가.

이와 반대로 냉전시대는 묘사하기가 훨씬 쉽다. 수십 개 국가들을 한데 묶어 동맹을 체결하고, 우리에게 우호적으로 대하는 폭군을 지원해 주고, 탐욕스런 중립국은 매수해 버리고, 추상적인 명분을 내세워 생각지도 못한 엉뚱한 곳에서 전쟁을 벌이고, '자유세계(free world)'라는 말뚝이 박힌 변경을 순찰하곤 했다. 모든 지역이 핵심적 중요성을 지녔고, 발생하는 문제는 정의상(定義上) 모두 위기였다.

그러나 이 옛날의 법칙들은 무너졌다. 러시아를 '봉쇄(containing)'하는 대신 우리는 지금 그들을 원조해 주고 있다. 제3세계에서 발생하는 전쟁은 모두 사활적 중요성이 있다고 보아 우리는 병력을 파견하고 재정지원을 했었다. 그러나 이 제3세계가 지금은 별로 중요한 의미를 갖지 못하고 있다. 그리고 우리의 냉전동맹국들이 지금은 단순히 탐욕스러운 무역 파트너일 뿐이다.

냉전은 비록 이데올로기적 외피가 씌워지긴 했지만(본질적으로는) 국가들간의 하나의 고전적인 갈등(classic conflict among states)이었다. 미국과 구소련은 산맥의 왕이 되기 위해 경쟁했다. 그러나 오늘날은 인종, 종교, 부족간 반목 등 국가시스템 외곽에서 분쟁이 가장 격렬하게 발생하고 있다. 발칸전쟁, 코카서스 및 중앙 아프리카 등지의 전쟁 등에서 보듯이 이러한 분쟁들 중 다수는 그 기원이 냉전보다 훨씬 이전, 20세기 이전까지 거슬러 올라가는 경우도 있다.

우리는 이 말썽 많은 지역에 대해 어떤 의무를 져야 하는가? 그들이 비민주적이냐 아니냐, 안정되어 있느냐 불안정하느냐, 아니면 혼란에 빠질 것이냐 말 것이냐 하는 등등의 문제가 우리들에게 과연 그렇게 중요한 것들인가? 또 우리는 세계 도처에 많은 비용을 들여 키워 놓은 일련의 동맹들이 있다. 그러나 냉전시대의 이 동맹들이 냉전이 사라진 지금 무슨 의미가 있는가?

초강대국 신드롬 중의 하나는 미국이 세계의 헌병(global gen-darme)이 되어야 한다는 것이다. 소련이 강했을 때 우리의 임무는 소련을 '봉쇄'하는 것이었다. 이제는 이 임무가 끝났는가? 어떤 사람들은 '전혀 그렇지 않다'고 말하고 있다. 세계는 여전히 뒤죽박죽 무질서하게 돌아가고 있기 때문에 누군가가 질서를 유지해 주어야 하는데, 우리가 초강대국이므로 그 일을 떠맡아야 한다는 것이 전략가들의 주장이다. 정의를 수호하는 데는 휴식이 없다. 이것은 닉슨이 자신의 마지막 저서에서 언급했던, "우리가 마지막 남은 초강대국이기 때문에, 우리 국익과 상관이 없는 위기란 이 지구상엔 존재하지 않는다"[1]라는 말의 진정한 의미이다.

수년 전이라면 이 말은 분명 진리였다. 그러나 오늘날에도 그럴까? 왜 모든 위기가 우리의 국익과 관계있는가? 열정적인 냉전시대 정치가였던 닉슨이 그의 아포리즘(aphorism)을 철회했는가? 오히려 다른 초강대국이 없기 때문에, 강력한 상대가 없기 때문에, 많은 위기들이 사실 우리와 무관할 수 있지 않을까?

외교정책 전문가들이 이같은 발상을 하기는 어렵다. 그들은 세세대동안이나 세계를 경영하는 일에만 종사해 왔다. 소련 공산주의와 경쟁하면서 그들은 모든 지역이 '위기지역(crisis area)'이라는 믿음으로 행동해 왔다. 그러나 그 경쟁은 끝났다. 오늘날의 경쟁은 다른 곳으로 이동하고 있다. 거대산업국가 일본, 야금야금 갉

---

1. Richard M. Nixon, *Beyond Peace*, New York: Random House, 1994, p.154.

아먹어 들어오는 동남아 무역국가들, 떠오르는 거인 중국, 거대시장의 통합유럽 등이 경쟁상대인 것이다.

이 국가들이 자본주의를 뒤엎으려는 것은 아니다. 오히려 우리보다도 더 자본주의가 잘 되어가길 바라고 있다. 우리가 초강대국 노릇을 하느라 끙끙대고 있는 동안 이 국가들은 생산성 향상, 시장침투, 부의 축적, 기술혁신 등을 위해 힘을 집중해 왔다. 이런 것들이 바로 오늘의 세계에서 가장 중요시되는 요소들이다. 이 (경제)전쟁에서 우리는 만성적인 재정적자, 통화약세, 엄청난 차관도입, 천문학적 부채를 안고 있는 매우 이상한 '초강대국'으로 변해가고 있다.

우리는 이러한 사실들을 부분적이나마 깨닫고 있다. 그러나 여전히 냉전적 사고방식에 사로잡혀 '초강대국'이라는 위상을 지키기 위해 세계 곳곳에 개입하려 하는 유혹에 빠져 있다. 우리 정책결정자들은 '세계질서'내에서 우리의 '핵심적 국익'을 지키는 문제를 제기하며 세계적 차원에서 '안보환경(security environment)'을 논하기에 바쁘다. 그러나 이같은 시나리오를 짜고 있는 정책결정자들은 지금 어떤 세계 속에 살고 있는가? 외교정책가들은 우리에게 자신들의 계획을 지지해 달라고 한다. 하지만 우리는 그들이 하는 말을 이해하기 어렵다. 아니 사실 그들 스스로가 자신들의 말을 제대로 이해하고나 있는지도 의문스럽다.

1

모호한 승리

역사는 사람뿐만 아니라 국가를 놀리기도 한다. 우리는 지금 마법사의 주문에 빠져 있다. 바로 몇 년 전만 해도 우리는 레이건이 표현한 이른바 '악의 제국(evil empire)'이 사라지기를, 그리고 우리가 냉전에서 승리하기를 열망했었다. 우리의 이 소망은 달성되었다. 소련은 더이상 존재하지 않는다. 공산주의는 가치를 상실했다. 자유시장자본주의가 크렘린 궁의 복도에서 승리의 나팔을 불고 있다.

냉전의 기준에 의한다면 우리는 승리에 들떠야 한다. 소련이 몰락함으로써 미국은 세계 유일의 초강대국으로 우뚝 서 있다. 우리의 군함과 비행기들은 어떤 견제도 받지 않고 세계를 휘젓고 있다. 어떤 나라도 우리에게 도전할 수단을 갖고 있지 못하다. 우리가 선택하는 어느 곳에서든, 적당하다고 판단되는 어떤 명분으로든, 우리는 압도적인 힘을 행사할 수 있다.

그러나 이것은 모호한 승리이다. 우리가 군사력 측면에서 압도적 우위를 누리고 있긴 하지만 그것이 우리의 정치적 목적달성을 용이하게 해주는 것은 아니다. 우리는 1991년 이라크군을 궤멸시켰다. 그러나 사담 후세인은 여전히 권좌에 남아 있다. 소말리아에서는 굶주린 사람들을 먹여 주었지만 부족들간의 권력투쟁에 개입했다가 허둥지둥 물러났다. 또 과거 유고슬라비아였던 지역에서 발생한 인종폭력에 대한 해결책을 찾으려 했지만 고질적으로 뿌리 박혀 있는 적대감을 해소할 방법을 발견할 수 없었다.

냉전의 종식이 우리에게 가르쳐 준 것은 냉전을 위해 만들었던 무기들이 냉전이 끝난 후에는 아무런 쓸모가 없다는 사실이다. 우리는 예상치 못한 하나의 문제에 직면하고 있다. 그것은 바로 군사적 힘을 어떻게 정치적 힘으로 변환시키느냐 하는 문제이다. 우리는 세르비아나 하이티 혹은 북한과 같은 나라들에 폭탄을 투하하거나 봉쇄할 수도 있다. 그러나 그렇게 한다고 해서 우리의 정치적 의지를 그들에게 쉽사리 강요할 수 있는 것은 아니다.

냉전은 위험하고 소모적이며, 때로는 강박관념에 사로잡혀 비합리적으로 행동하게 만들었다. 수만 명의 생명이 정당화될 수 없고, 이해하기도 힘든 전투에서 희생당했다. 그러나 적어도 우리는 냉전이 무엇에 관한 싸움인지를 규정할 수는 있었다. 외교관리들은 이 목표가 달성되면 세계 폭력발생의 가장 큰 요인이 제거될 것이라고 말해왔다.

하지만 냉전 이후의 세계는 이 요인이 사라졌는데도 불구하고 더욱 폭력적인 모습을 보여주고 있다. 냉전이 돌발적으로 종말을 고하리라고 예상치 못했던 것처럼 우리는 (냉전 이후의) 이 새로운 상황변화에 대해서도 대비하지 못했다. 우리는 우리의 정서적·지적 에너지뿐만 아니라 국가자원의 거대한 부분을 소련과 싸우는 데 투입하면서도, 전투가 끝난 후의 정치적 풍경변화에 대해서는 한 번도 진지하게 생각해 본 적이 없다. 우리들 대다수는 단순히 세계가 좀더 정상적 모습을 되찾게 될 것이라고 상상해 왔다.

그러나 세계는 정상화되지 않았다. 유럽은 1914년 이래로 정상적이었던 경우가 한 번도 없다. 전쟁, 혁명, 불황, 그리고 다시 전쟁, 이러한 악순환이 1차대전 이전까지 존재해 왔던 자립적 정치단위와 문명단위를 바꾸어 버렸다. 1990년 공산정권이 붕괴되자 그와 동시에 유럽의 이 모든 전후(戰後)구조가 분해되기 시작했다. 동쪽(동유럽)의 활기차지는 못했으나 질서가 있었던 과거의 공산국가들은 이제 공포와 무질서로 가득한 사회로 변해 버렸다. 과거에 공산국가들은 자신들이 겪는 어려움을 제국주의자들 탓으로 돌렸다. 그러나 지금은 자신들 내부에 있는 인종적 소수집단에게로 방향을 바꾸고 있다. 대륙의 서쪽(서유럽)에는 부유하고 안정된 국가들이 하나의 유럽 '공동체'를 건설하고 있었다. 그러나 4반세기 동안 품어 왔던 통합의 꿈은 유럽이라는 개념 그 자체가 바로 냉전의 산물임을 깨닫게 됨으로써 흔들리고 있다. 결국 유럽의 개념을 재정의해야 한다는 것을, 그것도 오랫동안 생각해 왔던 기존의 유럽개념과는 상반되게 재정의해야 한다는 것을 깨닫게 된 것이다.

아시아도 정상화되지 않았다. 냉전으로 인해 새로운 동맹관계를 구축하기 이전만 하더라도 일본은 단지 패배한 제국주의 국가였으며 중국은 가난하고 핍박받는 식민지에 불과했다. 그러나 오늘날 일본은 부유하고 경제적으로 강력한 국가가 되었다. 중국은 산업화와 군사화의 길을 걸어 이제는 세계적인 영향력을 행사하는 국가가 되었다.

냉전이 종식됨으로써 몇 가지 문제가 해결된 것은 사실이다. 그러나 우리가 예상치 못했던 새로운 문제를 제기하고 있다. 이 문제들은 대개 무력으로 해결할 수 있는 것이 아니다.

우리 의회는 동유럽의 해방을 의례적으로 요구하곤 했다. 이 동유럽의 포로국가(captive nations)들이 이제는 모스크바의 포로로서가 아니라 서유럽의 포로로서 우리의 골치를 썩히고 있다. NATO 동맹국들은 전에는 독단적이고 '패권적'으로 간섭하려 한다고 우리를 비난하곤 했으나 지금은 자신들에 대해 관심을 적게 갖는다고 불평하고 있다.

과거 우리는 소련의 공격으로부터 그들을 보호해 왔었지만 지금은 그들에게서 회원국 상호간의 공격으로부터 보호해 달라는 요구를 받고 있다. 그리고 냉전시대 우리의 천적이었던 러시아는 지금에 와서는 힘이 강해서가 아니라 힘이 너무 약해서 문젯거리가 되고 있다. 허약한 러시아는 자국시민들에게 안정과 번영을 마련해 주지 못한다. 그리고 우리의 안전이 달려 있는 핵무기에 대한 강력한 중앙집권적 통제력을 행사하지도 못한다. 자살하겠다는 러시아의 협박이 이전의 공격하겠다는 협박보다 역설적이지만 더욱 위험해 보인다.

냉전의 가장 치열한 대결장이었던 제3세계—앙골라, 니카라과, 아프가니스탄 등지에서 종종 대리전을 펼치기도 했다—가 이제는 정치적으로 별 의미가 없는 개념이 되어 버렸다. 우리가 통일을 위해 그렇게도 열심히 싸웠고 파괴했던 공산 베트남이 이제 칼 맑스의 교리를 아담 스미스의 가르침으로 바꾸고 있다. 그리고 베트남은 중국 제국주의의 말 잘 듣는 도구가 아니라 중국에 대한 유용한 견제세력인 것으로 평가되고 있다.

마지막으로 우리는 정책결정자들이 구상한 통합세계시장 내에서 일본이 자신의 역할을 적절히 수행할 수 있도록 일본경제를 복구시켰다. 그리고 일본은 모든 면에서 너무 잘 성공했다. 한 세기 전 전쟁을 통해 이루려 했던 대동아공영권(Greater East Asian Co-prosperity Sphere)을 일본은 이제 상업을 통해 달성했다. 바로 우리의 도움으로 말이다. 우리는 일본으로 하여금 주변 공산국가에 대한 국방비 지출을 절약할 수 있도록 해 주었으며, 한국과 베트남에서 벌인 우리의 군사작전과 관련하여 많은 돈을 벌게 해 주었다. 우리는 과거 러시아인과 벌였던 정상회담을 통한 논쟁을 이제 일본과 벌이고 있다. 여론조사에 의하면 소련이 사라진 지금 미국인들은 가장 두려운 적수로 일본을 꼽고 있다고 한다.

냉전시대를 그리워 하는 사람이-특히 외교정책 엘리트들 중에-있다는 사실은 그리 놀랄 만한 일이 못된다. 냉전은 우리에게 수호해야 할 명분과 복종하는 동맹국 그리고 이른바 자유세계의 우두머리 역할을 제공해 주었다. 그러니 그 이전의 전쟁이 끝났을 때처럼 냉전이 종식된 것을 별로 달가워 하지 않는 것도 당연하다 하겠다.

소련 공산주의는 많은 나쁜 면을 갖고 있긴 했었지만 동유럽과 구소련의 여러 공화국들이 민족주의를 폭발시키는 것을 억제해 주었다는 점에서는 좋은 면도 있었다. 또 소련 공산주의는 버릇없는 제3세계 국가들을 통제할 수 있게 해 주었다. 만일 구소련이 오늘날 존재했었더라면 구소련은 자신들의 보호를 받고 있는 사담 후세인으로 하여금 쿠웨이트를 침공하도록 허락하지 않았을 것이며, 이는 결국 미국인들로 하여금 걸프만에 병력을 파견하게 하지도 않았을 것이다. 워싱턴 역시 냉전시대라면 그들의 과거 냉전기지가 전략적으로 위치해 있었던 소말리아에서 대량 기아 현상이 날뛰는 야만적인 모습을 더이상 바라보고만 있지는 않았을 것이다.

바꾸어 생각해 보면 냉전은 안정(stability)을 유지시켜 주는 힘이었다. 독일을 분할함으로써 잠시동안만이라도 독일의 유럽지배를 막는 영속적인 숙제를 해결하였고, 옛 로마노프, 오토만, 합스부르크제국들 내의 인종분쟁을 잠재워 주었다-냉전이 사라지자 이 분쟁이 맹렬한 기세로 표출되고 있다-. 또 냉전은 야심만만한 국가들에게 핵무기의 확산 속도를 늦춤으로써 초강대국의 위상을 견고히 할 수 있었다.

냉전은 또한 세계를 이해하는 틀을 제공해 주었다. 냉전은 권력과 영향력을 둘러싼 싸움일 뿐만 아니라 여러 사람들의 마음을 얻기 위한 싸움이기도 했다. 공산주의는 시장민주주의(market de-mocracy)라는 우리의 메시아적 이데올로기에 대한 새로운 대안으로 나타나 우리의 존재, 우리의 신념에 도전했다.

냉전은 세계를 중간영역이 없는, 민주주의와 전체주의라는 두 개의 세계로 정연하게 갈라 놓았다. 냉전은 천박하고 이기적인 정략정치, 정략동맹에 대해 도덕적 확신을 부여해 주었다.

싸움이 끝난 지금 또 다시 선과 악의 경계가 흐릿해지고 있다. 과거에는 어떤 정권이 공산주의 유령이 나타났다고 하면 미국으로부터 보호와 원조세례를 받을 수 있었다. 공산주의가 사라진 지금은 문제가 좀더 복잡해졌으며 꼭 그렇게 해야 할 필요가 없어졌다.

만일 어떤 한 정부가 붕괴될 경우 우리는 여기에 개입해야 하는가? 한다면 왜? 민주주의 국가라서? 자본주의 국가이기 때문에? 좋은 시장이니까? 원료 공급지이기 때문에? 아니면 단순히 가난하니까? 우리는 민주주의와 자유와 같은 원칙들을 신봉한다. 그러나 이 원칙들을 어디에다 적용해야 하며, 적용할 수 있는 곳은 어디인가? 적용가능한 경우 어느 정도의 비용을 치를 수 있는가?

냉전시에는 이 모든 것들을 매우 쉽게 판단할 수 있었다. 지구상에서 잘못되어 나타난 일들은 모두 공산주의 탓이었다. 우리에겐 적도 있었고 십자군도 있었다. 그러나 지금은 혼자다. 도전자가 없는 초강대국, 사명을 상실한 십자군인 것이다.

우리의 적은 어찌됐는가? 수십 년 동안 우리 지도자들은 사악하지만 어느 정도 매력도 갖고 있는 이 공산주의 세력이 세계를 장악하려 하고 있다고 경고해 왔다. 우리의 지도자들은 종종 우리가 이해하기 힘들 만큼 자신들도 설명하기 어려운 여러 가지 명분들을 내세워 멀리 떨어져 별로 중요하지도 않아 보이는 곳에서 일어나는 전쟁터로 우리를 내보냈다. 그러나 결국 거기에는 어떠한 괴물도 없었으며 단지 무력하고 분쟁에 찌들고 가난한 정권―거대한 포템킨 마을(gigantic Potemkin village)―만이 있었을 뿐이다.

우리는 무엇을 그리도 두려워 했던가? 우리의 지도자들은 전세계를 유혹하고 협박하는 소련의 힘을 정말로 두려워 했을까? 아니면 이른바 미국의 세기(the American Century)를 창출하기 위한 군사력과 경제력을 강화하는 데 그 적이 유용했기 때문이었을까?

미래의 역사가들은 우리가 왜 그렇게도 안보적으로 취약하다고 느끼고 있었는지, 그리고 진정 붉은 군대의 도보거리 안에 있는 유럽인들보다도 더 안보위협을 느끼고 있었는지에 대해 의문을 제기할 것이다.

그 이유 중의 하나는 우리가 오랫동안 지리적 취약성을 느끼지 못했다는 데서 찾을 수 있을 것이다. 큰 바다에 둘러싸여 있어 안전하다는 느낌을 갖고 있었으며, 그러한 안전성을 타고난 권리라고 여기고 있었다—이처럼 외부에 대한 위협을 별로 겪어 보지 못했기 때문에 소련이라는 위협세력이 나타나자 예민하게 반응했던 것이다—. 또 다른 이유로는 우리의 이념과는 너무 이질적인 이데올로기와 싸워야 했다는 점, 그리고 그 이질적 이데올로기가 많은 사람들에게 유혹적이었다는 사실을 들 수 있다. 2차대전은 미국에게 시작과 끝이 분명한 4년간의 긴급상황이었다. 그러나 냉전은 위기가 영속적이었다. 무력대결에 의한 해결이 핵교착상황으로 말미암아 불가능해짐으로써, 이 위기가 언제 어떻게 끝나게 될지 예측할 수 없었다. 이 냉전은 몇 세대 동안이나 계속되었다.

냉전은 국가적 현안이었을 뿐만 아니라 우리의 사고방식을 지배하기에 이르렀다. 냉전은 정부뿐만 아니라 우리의 삶의 방식을 규정해 주었기 때문이다. 냉전은 국내정책을 정당화하는 데도 사용되었다. 정부가 학교 어린이에게 보조금을 지불할 때도 그 법안에 국가방위교육법(the National Defence Education)이란 이름을 붙였다. 또 주(州) 간 고속도로를 건설할 때도 국가방위고속도로건설법(National Defence Highway Act)이라고 명명했다.

1993년 빌 클린턴이 취임하기 전까지만 하더라도 프랭클린 루스벨트 이래 미국 대통령은 모두 외교정책에만 전념해 왔다. 케네디, 닉슨, 부시 같은 사람들에게는 국내문제란 세계의 위기라는 흥분되고 위험스런 일로부터 잠시 벗어나 기분전환용으로 다루는 귀찮은 잡무쯤으로만 여겨졌다. 외교정책이 항상 먼저였으며, 우리가 어떻게 서로 함께 살아갈 것인가 하는 문제, 예컨대 부유한가 가난한가, 분열되어 있는가, 통일되어 있는가, 분할되어 있는가 등등의 문제는 그 다음 문제였다. 우리들 스스로 이러한 현상을 자연스럽고 올바른 것으로 여기고 있었다. 1960년 베트남전쟁이라는 우리의 외교적 모험이 국가를 파국상태로 몰고가기 전까지는 말이다.

*****

냉전은 비록 어마어마한 비용이 소요되긴 했지만 몇 가지 측면에서는 미국에게 유익했다. 정부의 업무 및 고용증대는 수세대 동안 번영을 가져다 주었고, 미국산업은 한때 세계시장을 지배했으며, 미국의 제도와 행동양식이 세계로 퍼졌고, 미국의 문화가 널리 확산되었다.

미국의 영향력은 세계 구석구석에 침투했는데 특히 젊은 세대에게 그러했다. 그들은 미국의 문화수출품-그것이 의류든, 유흥산업이든, 레저든, 시간의 합리화이든-을 근대화 개념 그 자체와 동일시했다. 20세기 후반을 산다는 것은 어느 정도는 미국의 문화에 적응해 나가는 것을 의미했다. 이런 것들과 함께 미국인이 갖고 있던 팽창열정(expansive energy) 역시 미국문화의 확산에 중요한 역할을 했다. 미국인들은 자신들이 중요하다고 생각하는 어떤 속성이나 상황을 세계에 수출하려 했다. 냉전은 경제원조, 군사적 보호, 정치적 결속 등과 같은 것을 세계에 제공할 수 있는 기회를 마련해 주었다.

미국인들이 가장 관심을 갖고 있었던 수출품은 아마 민주주의(democracy)였을 것이다. 다른 나라가 이것을 채택한다는 것은 곧 미국에 대한 지지와 찬양으로 간주되었다. 대부분의 미국 사람들은 미국식 민주주의야말로 세계 모든 낙후민족들이 열망해 마지 않는 모델이라고 믿었다.

소련 역시 세계적인 수출품을 갖고 있었다. 공산주의는 수많은 사람들에게 세계가 왜 이렇게 불공평한가를 체계있게 설명해 주는 강력한 이데올로기였다. 특히 이것은 이제 막 독자적인 민족주의 길을 추구하고 있던 제3세계의 야심만만한 지도자들의 관심을 끌었다.

어떤 면에서 본다면 소련의 역사는 결코 민족해방을 고무하는 좋은 모범사례는 아니었다. 소련 지도자들은 처음부터 맑시즘을 왜곡하여 자국 국민들에게 가장 비참한 폭군정치(tyranny)를 펼쳤었다. 소련 공산주의의 타락상은 1930년대 숙청이나 냉전기의 동유럽 탄압과정에서 잘 드러났다. 그러나 공산주의 이데올로기 그 자체, 그리고 위선적이긴 하지만 가끔은 공산주의 원칙에 충실하겠다는 소련 지도자들의 입장표명은 자본주의를 착취와 결부시킬 만한 역사적 경험을 갖고 있는 제3세계 지도자들에게는 특히 호소력 있는 대안이었다.

이로 인해 미국 지도자들은 최고의 내기가 걸린 이 세계적 경쟁을 벌이게 되었다. 공산주의는 미국인들에게 대항이데올로기를 제공해 줌으로써 미국인들로 하여금 강력한 사명감을 갖도록 하였다. 우리의 정치 지도자들은 이 대항이데올로기를 이용해 세계적 야심을 가진 두 대륙국가가 벌이는 세속적 권력투쟁을 (보다 고상한 것으로) 정당화시켰다. 소련을 '악의 제국(evil empire)'이라고 불렀던 레이건의 말은 냉전시대 정치신학에 꼭 들어맞는 표현이었다.

이데올로기 경쟁은 무수히 많은 영역과 연관되어 있었다. 그래서 소련 공산주의 붕괴는 단순히 미소경쟁이 중단되었다는 것 이상의 의미를 지닌다. 미소경쟁이라는 말은 단지 국가간의 투쟁이라는 의미만을 내포하고 있다. 그러나 냉전은 해리 트루만이 유명한 그의 독트린을 설명하면서 언급한 것처럼 '서로 다른 생활방식(alternative ways of life)'의 경쟁이었다.

이 두 생활양식은 각자 스스로가 인류 전체의 보편적인 생활양식 모델이 되기 위해 경합했다. 그런데 이중 하나가 몰락해 버리자 다른 하나도 그의 안티테제를 잃게 되었으며, 과거와 같은 열정적 사명감 또한 많이 식어 버리게 되었다. 소련 공산주의가 의미를 상실하고 또 소련이 실제로 사라짐으로써 제3세계가 미국식 민주주의적 자본주의를 채택할 것인가 그렇지 않을 것인가 하는 것은 더이상 의미가 없게 되었다. 과거에는 핵심적(vital), 치명적(deadly) 이익으로 간주되었던 것이 이제는 관료나 은행가 혹은 경제학자들의 일상업무가 되어버린 것이다.

만일 두 초강대국들 모두가 팽창주의자였다고 하더라도 이들 두 국가들간에 팽창정책을 추구하는 방식은 서로 크게 달랐다. 공산주의는 본질적으로 선교지향적 이데올로기(proselytizing ideology)이다. 역사의 최고단계인 공산주의 시대에 인류는 해방된다고 주장하고 있었다. 정의상(定義上) 그것은 보편주의적 이데올로기이지 어떤 특정 강대국이 이용할 수 있는 도구는 아니었다. 소련식 공산주의가 세계 여타 국가의 공산주의보다 우선한다는 주장은 공산주의에 대한 반역이었다. '일국 사회주의'라는 개념 그 자체가 공산주의에 대한 배신이었기 때문이다.

'사회주의의 국제주의(socialist internationalism)'는 소련의 거대한 세력팽창을 위한 하나의 좋은 구실이 되었다. 공산주의가 소련의 국가이익 확보를 위한 도구로 사용되긴 했지만, 그러나 그것이 이처럼 냉소적인 역할만을 수행한 것은 아니었다. 정치 지도자들은 나름대로 논리를 갖고 있었다. 이들은 소련국가의 영광을 드높이는 것이 공산주의의 세력팽창과 상호모순되는 것이라고는 생각지 않았다. 그들에게서 전자는 후자의 수단일 따름이었다.

미국 역시 냉전기에 나름대로 팽창노선을 추구해 왔다. 공산주의의 위협을 봉쇄하고 자유사상을 보급한다는 대의명분하에 이런 일들은 진행되었다. 세계 도처에 개입하여 특정 정부를 지탱시키거나 전복시켰던 일, 아시아에서 전쟁을 벌였던 일, 그리고 이 과정에서 수반되었던 긴박감과 흥분 등은 단순히 국가안보위협에 대처한다는 것 이상의 의미를 함축하고 있었다.

예를 들어 앙골라에서 맑시스트가 정권을 장악했을 경우, 이는 반맑시스트 권위주의자들이 정권을 장악했을 경우보다 미국의 안보에 훨씬 더 위협적이었을까? 만일 베트남의 공산화가 1975년이 아닌 1965년에 이루어졌다면 미국안보에 무슨 문제가 있었을까? 그런데도 불구하고 마치 그것이 엄청나게 중요한 일인 양 수백 억 달러의 돈과 수만 명에 달하는 미국인들의 목숨을 기꺼이 희생시켰다.

무엇이 정책결정자들로 하여금 이러한 결정들을 추진토록 했을까? 그 이유 중의 한 가지는 미국이 그러한 일을 일으킬 만한 커다란 힘을 갖고 있었다는 점이다. 그처럼 멀리까지 힘을 뻗칠 수 없는 국가였다면 안보개념을 보다 좁게 규정하고 덜 팽창적인 정책을 추구했을 것이다. 미국은 힘이 미칠 수 있는 범위가 세계적이었기 때문에 안보개념 역시 세계적으로 규정되었다. 미국은 세계 곳곳에서 일어나는 모든 일들에까지 영향을 미칠 수 있는 힘을 가지고 있었기 때문에 주변부에서 일어나는 일들에까지도 간과하지 않았던 것이다. 대부분의 국가들은 '생사가 걸린 문제(matter of life or death)'에 한해서만 '핵심적 국가이익(vital national interest)'이라고 규정한다. 그러나 미국과 같이 힘센 국가는 좀 불편하다 싶은 문제까지 핵심적 국가이익으로 간주한다. 실제로 우리는 전세계 어느 곳이나 마음대로 개입할 수 있었으며, 아시아에서는 두 개의 큰 전쟁을 치르기도 했다. 이것은 우리와 필적할 만한 일본, 중국, 독일과 같은 나라들이 일시적으로 쇠퇴상태에 있었기 때문이다. 2차대전 이후 40여 년 동안 서유럽은 재건에, 일본은 치부(致富)에, 중국은 내전과 숙청 그리고 근대화에 온 정신이 팔려 있었다. 이들 국가들 가운데 어느 나라도 미국이나 소련에 한 번 진지하게 도전해 보려는 힘이나 의지를 갖질 못했었다.

그러나 많은 사람들은 미국이 소련이나 과거의 전통적인 강대국과는 달리 어떤 특정지역에 개입하게 된 동기를 자신들의 이익추구를 위해서가 아니라 고귀한 관념을 수호하기 위해서였다고 강변한다면 더이상 이를 믿지 않을 것이다. 여기서 말하는 '하나의 관념'이란 물론 민주주의를 가리킨다. 사실 세계에서 민주주의 전파를 외교정책의 주요목표로 삼은 나라가 미국 한 나라밖에 없었다는 점에 대해서는 곰곰이 생각해 볼 가치가 있다.

오랫동안 지속되어온 미국의 민주주의를 위한 십자군정책은 세 가지 다른 측면을 갖고 있다. 첫 번째는 미국의 정치이념을 확증(affirmation)하는 과정이라는 측면이다. '자유 속에서 태어난' 이 나라는, 18세기 후반 프랑스가 유럽 전역에 혁명운동을 전파함으로써 자신의 새로운 특질들을 확인하려 했던 것처럼, 민주주의라는 미국의 특질을 다른 나라에 전파함으로써 자신의 정치이념이 옳은 것임을 확인하려 했다.

신생 프랑스공화국의 경우와 마찬가지로 민주주의의 확산이라는 야심은 자기를 긍정(self-affirmation)하고자 하는 내적 충동의 표현이다. 민주주의라는 깃발 아래 미국은 자신의 존재를 과시하고 정당화한다. 민주주의는 그 자체가 원래 복음적(evangelical) 성격을 지니고 있다. 자유라는 것은 개별적으로 맛볼 수 있는 하나의 축복일 뿐만 아니라 그것은 다른 사람에게로 퍼져 나가야만 하는 하나의 은총인 것이다.

민주주의는 본질적으로 선교지향적(proselytizing)이다. 민주주의, 특히 자본주의적 자유시장 민주주의는 미국인들이 갖고 있는 사명감과 뗄 수 없는 부분이다. 이것은 다른 나라들에서 뿐만 아니라 미국자신들에 대해서까지도 미국적 원리의 보편성을 정당화하는 하나의 방법인 것이다.

미국의 민주주의를 위한 십자군 정책의 두 번째 측면은 전세계 모든 각국 정부들이 미국과 유사한 형태의 정부를 갖게 될 때 그들은 가장 안전하고 또한 가장 번영할 수 있게 된다는 믿음이다. 흔히 민주주의 정부는 권위주의 정부보다 덜 호전적이라고들 말한다. 또 민주주의는 협상과 타협을 보다 쉽게 만든다고도 한다. 민주국가는 무력에 호소하는 경향이 적을 뿐만 아니라 최소한 민주국가들 상호간에 있어서는 더욱 그러하다. 물론 민주국가도, 우리가 냉전시대에 그랬던 것처럼 민주주의라는 이름 아래 비민주주의 국가와 전쟁을 하는 경우도 종종 있다.

민주주의 장려정책은 가끔씩 감상적이고 이상에 치우친 일이라는 평가를 받기도 한다. 그러나 토니 스미스(Tony Smith)는 최근 그의 연구를 통해 "지난 세기를 통틀어 미국외교정책의 가장 큰 야심은 해외에 민주주의를 조장함으로써 미국의 안보를 튼튼히 하려는 것이었다"[1]라고 강력히 주장한 바 있다. 만일 이것이 사실이라면 관료들이 민주주의 촉진정책을 안보논리가 아닌 이상주의 논리로써 정당화하려 했다는 것은 신기한 일이다.

미국의 민주주의를 위한 십자군정책의 세 번째 측면은 미국이 자신의 외교정책의 기조로 민주주의를 전면에 내세움으로써 자신들의 과거 지나친 간섭 행위나 자기 과시 행위 그리고 호전적인 행위로 생각될 수 있는 여러 정책들을 정당화할 수 있는 효용성을 가질 수 있었다는 점이다. 특히 냉전시절에 미국은 많은 나라의 문제들에 대해 침투나 강요 그리고 설득 등의 갖가지 방법 등을 동원해 미국의 국익을 지켜왔다.

미국외교정책에 있어서 민주주의라는 이상을 단지 '본질적인 장식품에 불과한 것'으로 치부해 버리는 것은 커다란 잘못이다. 그것이 갖고 있는 장점은 (비록 제대로 발휘된 것은 아니지만) 진지하게 평가되어야 한다. 미국사람들은 공적인 일이건 사적인 일이건간에 자신이 추구하는 일은 도덕적으로 옳은 것이라고 믿고 싶어한다. 미국인들은 유럽인들이 즐겨 사용하는 공공연한 현실정치적 외교(Realpolitik diplomacy)를 매우 거북한 것으로 생각한다 ―닉슨행정부 때 키신저가 이 정책을 매우 공개적으로 실행했었

---

1. Tony Smith, *America's Mission: The United States and the Worldwide Struggle for Democracy in the 20th Century*, Princeton: Priceton Uni- versity Press, 1994, p.348.

다―. 우리는 현실정치적 외교의 허세에 상당한 정도의 스릴을 느끼면서도 현실정치적 외교의 냉소주의적 태도에는 마음 편안해 하지 않는다. 우리는 힘(power)과 원칙(principle)이 조화를 이루길 바라며 이 양자가 대립하게 되면 불편해 한다. 이러한 현상은 지난 냉전기엔 자주 일어났었다. 그 당시에는 이러한 모든 갈등들은 위기감을 강조하거나 모든 것을 국익에 호소함으로써 해소할 수 있었다. 그러나 냉전이 지난 지금에 와서는 과거의 이러한 명쾌함이 혼동과 의심으로 바뀌고 있다. 이른바 냉전 노스텔지어 현상이 생겨나는 것도 부분적으로는 이러한 이유 때문이다.

냉전은 사생결단의 고투, 강박관념, 소명의식 등 여러 가지의 의미를 내포하고 있었으며 그것은 또한 경제파산을 향한 경쟁이기도 했다. 소련이 우리보다 먼저 물러난 것은 주로 우리보다 더욱 가난했기 때문이었다. 그 경쟁은 소련을 파멸시켰을 뿐만 아니라, 동맹국들과의 경쟁력과 국민의 욕구를 충족시켜 주는 능력면에서 그리고 미국의 정치적 가치의 명예를 높이는 문제 등에 있어서까지 미국의 능력을 약화시키기도 했다.

그러나 상황이 이렇다고 해서 다시 냉전 이전의 시절로 되돌아가기는 어렵다. 왜냐하면 냉전은 우리 사회의 단순한 부속물이 아니었기 때문이다. 냉전시대에는 미국의 경제, 노동력, 교육 및 훈련 그리고 영화와 오락, 신화와 꿈 등 모든 것들이 냉전에 초점을 맞추어 왔었다. 즉 모든 직업, 모든 상황들이 냉전과 관련되어 있지 않은 것이 하나도 없었다.

이제 경쟁은 끝났고, 냉전의 세계는 이미 희미한 과거 속으로 사라졌다. 그러나 냉전의 망령들까지를 모두 한꺼번에 몰아내기란 그리 쉽지 않다. 왜냐하면 냉전은 단지 미소간의 대결의 일부일 뿐이기 때문이다. 그것은 외교정책 엘리트들이 혼신의 힘을 다해 추구해 왔고, 옛날의 적이 사라진 지금에도 여전히 행사되고 있는 패자(覇者)로서의 역할(role of dominance)에 관한 문제이기도 하다.[2]

현재 우리는 어떻게 보면 1946~47년대의 상황과 비견될 수 있는 외교정책상의 일대 전환점에 서 있다. 우리는 당시 승리의 물결 속에서 패망한 일본과 독일, 종속적 위치로 전락한 영국과 프랑스, 그리고 소련과의 전시동맹의 체제 등 세계 전체와의 관계를 재정립해야 했다. 전전(戰前)의 고립주의 정책은 부적합해졌고 과거의 세력균형이 회복되기는 어려웠으며 모스크바는 위협적 존재로 보였었다. 외교정책 입안자들은 미국의 막강한 힘을 바탕으로 해서 전방위(全方位) 대외정책(policy of sweeping scope)을 새롭게 고안했다.

이 새로운 정책의 두 가지 지주는 봉쇄정책(containment)과 팽창정책(expansion)이었다. 이는 구소련의 군사적, 경제적 팽창을 봉쇄함과 동시에 미국 자신들의 동맹과 기지건설 그리고 투자와 매수 등을 통해 자신들의 영역을 최대한 팽창하려는 것이었다. 이 정

---

2. 찬반의 주장을 보려면, *International Security* 17, no. 4(Spring 1993)의 Christopher Layne, Robert Jervis, Samuel P. Huntington의 논문들을 참조.

책은 결국 소련의 야심을 억제하고 팍스 아메리카나(the Pax Amer-icana)라고 불리우는 워싱턴 지배라는 새로운 시대(era of dominance from Washington)를 개막시켰다.

바로 이 봉쇄정책의 성공과 유럽 및 아시아 국가들의 경제회복으로 인하여 미국은 결국 많은 상처를 입었고 급기야 워싱턴 지배의 시대도 서서히 사라지고 있다. 이제 봉쇄정책은 낡은 정책이 되어 버렸고 봉쇄를 명목으로 설치되었던 수많은 군사기구들도 구시대의 유물이 되어 버렸다. 우리에게 남은 것은 논리를 상실한 독트린과 전세계를 휩쓸어 버릴 정도로 강력하지만 이제 더이상 쓸모없게 된 군사력뿐이다.

약 반세기 전 미국의 1세기를 설계했던 사람들처럼 우리는 새로운 전후 세계를 위한 미국외교정책을 새롭게 입안해 내어야 한다. 이것은 새로운 기구와 구조를 만드는 것뿐만 아니라 미국과 다른 나라와의 관계를 재규정하고 우리 자신과의 관계까지도 재규정하는 것을 의미한다.

특히 우리 미국인들 상호간의 관계에 대해 어떻게 새로운 합의를 이끌어낼 것인가 하는 것은 가장 핵심적인 문제가 될 것이다. 즉 단일국민으로서 우리는 누구이며, 우리가 추구하는 목표는 무엇인가, 그리고 어떻게 하는 것이 다른 나라와 함께 가장 잘 살수 있는 최선의 방법인가 하는 문제 등은 미국에게 있어서 매우 중요한 문제이다.

그동안 우리는 외교정책이 국가현안의 대부분을 차지해 왔음을 기억하고 있다. 대내문제는 계속해서 외교정책에 의해 희생당해 왔고, 외부위협으로부터 국가안보를 확보하는 문제를 유일한 판단기준으로 삼음으로써 우리 사회 내부로부터 제기되는 안보위협에 대해서는 무시해 왔다.

2

국익과 도덕성

냉전기간중 긴장이 가장 고조되었던 시절에는 1차대전이 발발
했을 당시의 상황과 같은 유사성들이 자주 거론되곤 했었다. 마
치 이 기간 동안에는 1차대전이 발발했던 1914년과 같이 오산
(miscalculation)이나 명분싸움 또는 신무기의 기술적 요청 등등의
이유로 전쟁이 발발할지도 모른다는 생각을 했었던 사람들이 많
았다. 그러나 아무도 이러한 냉전이 구소련의 내부붕괴와 무조건
적 철수라는 형태로 1918년의 동부전선상황이 무너진 것처럼 갑
작스레 끝나리라고는 상상하지 못했다. 20세기 초 초강대국 중의
하나였던 제정러시아가 갑작스레 경쟁에서 물러나 제국적 위치
를 상실함은 물론 자신의 사회체계까지도 포기하는 격동의 상황
으로 빠져들리라고는 아무도 몰랐던 것처럼 구소련의 몰락 역시
그러했다.

제정러시아가 붕괴되고 볼셰비키파가 권력을 장악하여 1918년

독일에 대해 무참히 굴복하기까지 일련의 이러한 사건이 일어났던 데는 그만한 이유가 있었다. 이러한 사건들이 일어나게 된 배경으로는 전제군주체제의 경직성과 지속적으로 전쟁비용을 조달해야 하는 문제, 그리고 국가 엘리트들의 체제 자체에 대한 신념 상실 등이 주요한 원인으로 작용했던 것이다. 그동안 제정러시아는 대외적으로는 무시무시하고 그 어떤 국가에게도 결코 굴하지 않을 강한 국가처럼 보였왔지만 그것은 사실 텅빈 껍데기에 불과했다. 지금에 와서 생각해보건대 전쟁비용을 고려해 볼 때 당시의 지배왕조가 몰락하는 것은 거의 불가피한 상황이었다.

그러나 당시에는 그것이 자명한 것으로 여겨지지 않았었다. 왜냐하면 권력을 장악하고 있는 사람들 중 그 누구도 그러한 현실을 믿으려 하지 않았기 때문이다. 영국과 프랑스는 독일과 전쟁을 치르는 데 있어서 서로간에 강력한 동맹국의 입장이 되길 필요했기 때문에 러시아의 붕괴가 임박했다는 여러 징조가 있었음에도 불구하고 그것을 무시했다.

그러나 지금 돌이켜보건대 이 모든 것들은 너무나도 분명했다. 1990~91년의 상황은 1917~18년의 상황과 매우 흡사했으며 이 두 경우 모두에 있어서 정치 지도자들은 러시아에서 일어난 사건들에 충격을 받고 멍해 있었다. 그들은 이런 사태가 오리라고 전혀 예상하지도 대비하지도 못했기 때문이다.

당시 제정러시아는 협상국(Entente powers)들이 동맹을 원할 만큼 견실한 동맹국은 아니었다. 구소련 역시 미국 정책결정자들이 생각했던 것처럼 내부응집력면에서나 군사능력면에서 그리고 영토적 야심면에서 그렇게 강력한 적수는 아니었다. 사실 그동안 미국은 실제의 모습과는 비교가 되지 않을 만큼 가공된 허상의 러시아와 필사적 싸움을 벌여왔다고 할 수 있으며, 러시아 지도자들 역시 공포와 의심 그리고 이념에 사로잡혀 허상의 미국과 싸워왔다. 1947년 조지 케난은 "소련은 그 내부에 자멸의 씨앗을 품고 있다. 마치 소련이 파멸의 씨앗을 안고 있다고 주장하는 자본주의 세계처럼 말이다. 그리고 이 씨앗은 현재 발아가 상당히 진행되어 있다"[1]고 희망 섞인 견해를 표명한 바 있다. 그러나 1980년대 말까지 학자, 전략가, 정치평론가 등 어느 누구도 냉전이 이같은 양상으로—유럽내 소련 제국의 붕괴, 소비에트 제국의 해체, 가장 열렬하게 지지했던 사람들의 공산주의 거부라는 모습으로—끝나리라고는 아무도 생각하지 못했다. 이러한 사태는 대개 전쟁에서 파국적 패배를 당할 때만 나타나는 현상들이기 때문이었다.

사실 또다른 초강대국이었던 미국의 입장에서 본다면 냉전이 그리 쉽게 끝나리라는 생각은 전혀 할 수 없었다. 왜냐하면 냉전 기간 동안의 경쟁은 두 초강대국들이 경쟁의 강도와 구도를 조절

---

1. George F. Kennan, "The Sources of Soviet Conduct," *Foreign Affairs*, July 1947. 케난은 이 글에서 말하기를 정치적 수단으로서의 공산당의 단결과 효율성이 붕괴되는 사태가 발생한다면 소련연방은 하룻밤 사이에 강대국에서 가장 허약하고 비참한 민족사회(national societies)로 변할 것이라고 하였다.

해 나가기로 해 왔었기 때문이었다. 그러나 때론 이 두 강대국들은 데탕트와 군축 그리고 개입규칙(rules of engagement) 등을 통하여 자신들의 영향력을 확보하기 위한 경쟁을 벌이면서도 이러한 경쟁에 투여되는 비용을 줄여 나갈 수도 있었지만, 결국 냉전이 두 주요 경쟁국들에게 제공해 주는 이점이 너무나 명백했기 때문에 그 어느 쪽도 냉정을 쉽게 끝내야 할 동기를 갖고 있지 못했다.

그럼에도 불구하고 냉전은 갑자기 끝나 버렸다. 그것도 다른 한쪽이 냉전을 유지해 나가기에는 너무 힘이 약했다는 이유만으로 말이다. 이러한 사실 때문에 우리는 미국 정책결정자들이 갖고 있던 몇 가지 전제들에 대해 의문을 제기하지 않을 수 없었다. 1982년 로날드 레이건은 "소련에서는 경제질서에서 비롯되는 요구가 직접적으로 정치질서의 요구와 갈등을 일으키고 있기 때문에 커다란 혁명적 위기가 잠재해 있으며" 이 위기는 "맑스레닌주의를 역사의 잿더미 속에 묻혀 버리게 될 것이다"[2]라고 선언한 바 있는데, 이는 옳은 지적이었다. 그러나 레이건 행정부가 소련의 붕괴가 임박했다거나, 그것이 필연적이라고 믿고 있지는 않았던 것 같다. 레이건 행정부 시절 미국의 군사비 지출은 평화시치고는 최고수준이었으며, 제3세계에 대한 미국의 개입도 강화되었다. 냉전이 끝나고 나서야 레이건 행정부는 그동안 미국의 대소

2. Ronald Reagan, "Promoting Democracy and Peace," *British Parliament*, London, June 8, 1982.

전략이 줄곧 소련을 파산으로 몰고가기 위한 전략이었음을 공개적으로 주장했다.

그러나 우리들 가운데 상당수 사람들은 오히려 소련의 공산주의가 정도(正道)를 벗어난 것이라고 주장하긴 했지만 우리는 그것을 두려워 했으며 그것이 바뀌리라고는 생각지 않았다. 그간 미국에 있는 어마어마한 국가정보기관과 첩보작전, 싱크탱크와 연구기관, 그리고 '전략문제'를 다루는 그 어떠한 연구들도 금세기에 일어났던 가장 기념비적인 이 정치사건에 대한 본질을 제대로 이해할 수 있는 그 어떤 근거도 제공해 주진 못했다. 이 분야의 전문가들은 공산주의와 소련의 붕괴를 이해하는 데 사실상 아무런 도움도 주지 못했다.

부분적으로 이것은 계량적 연구의 맹신, 역사와 문화에 대한 무관심, 공격적인 인종중심주의 등에서 기인된 미국 사회과학의 실패였다. 넓은 의미에서 본다면 이것은 정치지성(political intelli-gence)의 실패이기도 하다. 상대사회의 내면을 깊숙이 들여다 보는 데 실패한 것이다. 미국관리들은 종종 소련을 자신이 보고 싶어하는 대로만 보려 했던 것이다.

소련은 팽창주의 이데올로기와 억압의 역사를 갖고 있긴 하지만 미국과 마찬가지로 미국의 그것보다는 훨씬 복잡한 국가이다. 2차대전이 끝났을 때 미국의 정책결정자들은 미국이 전쟁 이전의 고립주의로 되돌아가는 것을 원치 않았다. 그와는 반대로 미국이란 국가의 거대한 에너지를 세계적인 사명(global vocation)을 위해 사용하고 싶어했다.

동유럽에서 보여준 소련의 잔인성 그리고 공산주의 이념의 빠른 확산은 미국으로 하여금 전방위개입(sweeping engagement) 및 세계적 팽창정책을 택하게 만든 계기가 되었다. 또한 그것은 내부의 합의창출 및 그것에 바탕을 둔 개입 및 팽창정책의 원활한 수행을 가능케도 했다. 냉전은 또한 우리의 사회구조를 재조직하기도 했으며 고도로 분산된(decentralized) 국가를 점차 집중화된(centralized) 국가로 바꾸어 놓기도 했다. 과거에는 중요한 경제, 정치적 결정들이 여러 대도시에서 분산되어 이루어졌으나, 지금은 모두가 워싱턴에서 결정된다. 그러나 그 결정들이 반드시 정부에 의해서만 이루어진다는 것은 아니다. 왜냐하면 강력한 대기업과 특수이익집단들이 점차 권력과 돈의 흐름을 장악해 나가고 있기 때문이다.

냉전시대에는 국가의 최대 고용주이자 일거리를 제공해준 당사자는 바로 연방정부였다. 정부는 방위산업체에 보조금을 지급하고 이윤을 보장해 주고 제조할 물품을 지정해 주었으며 고용할 인원을 정해 주기도 했다. 우리가 비록 이것을 여전히 자본주의라고 부르고 있긴 하지만 실제로 이것은 뒷문사회주의(back-door socialism)나 다름없는 것이며 아니 보다 정확히는 조합주의(corporatism)－정부, 기업, 노동, 사이의 결탁(collusion)－라고 부르는 것이 옳을 것이다.

냉전은 또한 전문가(expert)와 주가조작자(manipulator)들이 하나의 숭배의 대상이 될 만큼 떠받들여졌던 시대였다. 전시경제(war-time economy)의 수요를 충족시키기 위해 정부가 비대해짐에 따라 그만큼 많은 전문가들이 워싱턴으로 모여들었다. 눈깜짝할 사이에 경제학자, 전략가, 정치분석가 등의 전문적 업무에 대한 수요가 급증했다. 정권이 바뀌면 직책을 잃은 정부관리들은 컨설턴트가 아니면 로비스트가 되었다. 그래서 아무도 워싱턴을 떠나려 하지 않았고 떠날 필요도 없었다.

워싱턴으로부터 나오는 화폐의 흐름은 주기적으로 파동을 일으켰다. 그래서 물가가 올라가고 화폐가치가 떨어지고 증시투기를 부채질함으로써 월스트리트의 주가조작전문가문화(the culture of the Wall Street manipulator) 같은 것들이 창출되기도 했다. 부의 획득이 권력과 영향력에 달려 있는 곳에서는 권력의 내막에 정통한 사람이 제일이었다. 그래서 워싱턴과 월스트리트는 여러 가지 통로를 통해 상호연결되어 있었다.

냉전은 또한 미국 대통령의 권한을 대폭 강화시켜 주기도 했다. 전쟁이 항상 통치자의 권위를 강화시켜준 것처럼 냉전도 예외는 아니었다. 냉전시대의 대통령은 헌법규정에 관계없이 자신이 적합하다고 판단되는 시간과 장소 그리고 방식에 따라 국가를 전쟁으로 이끌어 가기도 했었다.

미국이 한국과 베트남에서 길고 값비싼 전쟁을 치렀지만 어느 대통령도 공식적으로 선전포고를 한 적은 없었으며, 어떠한 의회도 이러한 주장을 한 적은 없었다.

그러나 이제는 냉전의 종식과 함께 그 흐름도 완전히 바뀌었다. 냉전시대에는 한때 대통령의 권한이 너무나 막강한 나머지 '제왕적 대통령(imperial presidency)'에 대해 한탄하는 일들이 많았으나 탈냉전시대인 지금에 와서는 오히려 대통령의 정열적인 '리더쉽' 부재에 대한 불평들이 많이 일어나고 있다. 그러나 우리는 단호한 대통령을 바라는 것이지, 희생을 요구하는 대통령을 바라는 것은 아니다.

만일 냉전이 과학연구를 촉진시키고, 사회제도를 현대화시키고, 인종 및 소수집단의 통합을 가속화시키고, 진취적인 목표를 갖게 하고, 부문간 견해 차이를 억제해 주었다면, 냉전의 종식은 대통령의 권한 약화와 함께 사회내부를 조정해 나가는 데 심각한 문제를 야기할지도 모른다.[3]

냉전은 또한 해외 전초기지에 사람들을 배치하고 그 관리를 책임지는 일련의 관리자집단을 만들기도 했다. 이전에 식민지를 경영했던 유럽강대국들처럼 우리는 식민지업무를 계속 확장시켜, 학교선생에서부터 회계사에 이르기까지 각계각층의 사람들을 충원했고, 이 관리자부대(army of administrators)는 알제리부터 잠비아에 이르기까지 어떻게 곡식을 재배하고, 어떻게 정부를 운영 또는 전복하며, 어떻게 전쟁을(종종 자국시민과의 전쟁) 수행하는지를 사람들에게 가르치기도 했다. 수백만의 미국 시민들이 정부로

---

3. 좀더 흥미로운 논의를 보기 위해서는 Daniel Deudney and G. John Ikenberry, "After the Long War," *Foreign Policy* 94(Spring 1994)를 참고.

부터 급료를 받으며 해외에 근무하기도 했는데 그들은 아주 쉽게 이러한 일들에 재미를 붙이기도 하였다.

물론 이러한 민간인들에다 군인들의 가족(수많은 배우자와 군속)까지 합치면 그 수는 더욱 엄청나게 많다. 냉전기간중 우리는 30개국에 백만 명 이상의 병력을 주둔시켰고 4개의 방위동맹을 조직했으며, 42개의 국가와 상호방위조약을 체결했고, 세계 100여 개 국가에 대해 군사적, 경제적 원조를 제공했었다. 결과적으로 우리는 어느 외국 평론가의 말처럼 일종의 '제국'을 건설했던 것이다. 우리가 냉전제국(Cold War empire)을 건설했다는 주장에 대해 세계 다른 나라 사람들은 더이상 말할 필요도 없는 것처럼 이를 극히 당연한 것으로 받아들였다. 단지 우리만이 이러한 냉전제국이라는 말에 놀라고 있다는 것을 뒤늦게 알았다.

제국이라는 용어를 매우 당혹스런 시각에서 볼 것이 아니라 이것을 일종의 성공적이었던 하나의 제도(institution)로 생각해 본다면 이 제도는 달러를 기축통화로 하여 새로 통합된 세계무역시스템이 구축되기 시작한 1944년부터 본격적으로 가동되기 시작했다. 우리는 영국, 독일, 프랑스를 그들의 식민지로부터 몰아내고 대신 신생독립국가에게 경제적, 정치적, 군사적 우산을 제공했던 것이다.

우리는 전세계에 개입하는 데 따른 비용을 부담할 수 있을 만큼 충분히 부유했다. 우리의 공장과 농토는 폭격에 의해 그 어떠한 상처도 받지 않았기 때문에 전세계 상품의 절반을 생산해 낼 수 있었다. 만능의 달러화가 세계표준이 되었고 뉴욕이 전세계 금융도시의 수도가 되었다. 그래서 달러를 찍어냄으로써 우리는 부채를 적당히 무마할 수 있었고, 그때만하더라도 다른 나라들은 달러를 '금만큼이나 좋은 것'으로 간주하고 있었다.

우리는 서유럽과 일본을 재건함으로써 세계시장시스템을 창출했는가 하면, 이 세계시장은 관련 산업국가들에게 거대한 부를 가져다 주기도 했다. 또한 동맹국들을 보호해 주는 대신에 우리는 동맹국들을 대신해서 러시아와 협상을 하기도 했고 제3세계에서는 우리가 마음만 먹으면 어떠한 행동도 원하는 데로 할 수가 있었다. 비록 동맹국들이 약간 투덜거리기는 했지만 말이다.

우리는 또한 재무부의 차용증서(Treasury IOUs)로써 상품대금을 결재할 수도 있었기 때문에 동맹국들의 상품을 국내에서 생산하는 것보다 훨씬 싼값에 수입할 수도 있었다.

그러나 1970년대 초부터는 이러한 모든 일들이 악화되기 시작했다. 우리에게 닥쳐온 첫 번째 시련은 베트남전쟁이었다. 베트남전쟁은 과거 식민지국가였던 영국, 프랑스, 포르투갈, 네덜란드 등이 얻었던 교훈처럼 식민지란 얻기는 쉬워도 그것을 유지하기는 얼마나 어려운 것인가 하는 것을 우리에게 가르쳐 주었다. 미국이 월남전에 패배했던 것은 단순히 언론이나 미국 내의 반전운동 때문만은 아니었다. 월남전에서 미국이 패배하게 된 주원인은 이 전쟁에서 반드시 이겨야 된다고 주장한 미국민들과 이제 더이상 철수를 미뤄서는 안된다는 미국민들간에 양분된 여론이 교착

상태에 빠져 있는 미국을 더이상 바라지 않았기 때문이었다.

월남전에 이어 미국에 닥친 두 번째의 시련은 1973년 OPEC의 석유수출금지사태의 발생이었다. 이 석유위기는 약소국가라할지라도 우리가 매우 필요로 하는 것을 갖고 있는 경우 우리는 그 약소국에 대해 매우 취약할 수 있음을 보여준 중요한 사례였다. 미국이 국제사회에서 무력행사를 통해 영향력을 확보한다는 것은 경제적 이유 때문에 점점 어려워지고 있었다. 레이건 행정부 시절 거대한 군비증강작업을 벌였기 때문에 많은 새로운 하드웨어를 생산했지만 동시에 국가의 빚을 네 배로 증가시켰으며, 하드웨어는 점점 녹슬어 가고 있는 반면 그 빚은 여러 세대에 걸쳐 갚아 나가야 할 커다란 부담으로 남게 되었다.

이제 아메리카 제국(the American Empire)이라는 개념 자체가 하나의 구슬피 우는 종소리와도 같은 개념으로 들리기 시작했다. 거친 서부(the Wild West)라는 개념이 옛말이 되었듯이 아메리카 제국이란 말도 언젠가 디즈니 테마공원(Disney theme park)에 하나의 구경거리로 전시될 것이다. 친구와 적 모두로부터 경례를 받았던 제국의 현실은 빠른 속도로 기억 저편으로 사라지고 있었다. 그것은 역사변동의 희생물인 동시에 경제의 희생물이기도 하다. 이상한 일 중의 하나는 우리가 몰락을 우려하고 그 뒷처리를 감당하게 될 때까지 우리는 그 제국이 존재했다는 사실을 모르고 있었다는 점이다.

그러나 아쉬워 할 필요는 없다. 사실 제국은 비싸게 먹히는 사업이다. 그것은 엄청나게 풍요한 시절에 구입하여, 잠시 자기만족(self-satisfaction)이라는 엷은 열기를 내뿜다가—프랑스 제국의 '문명화사명(missiom civilisatric),' 영국 제국의 '백인의 짐(white man's burden)'이라는 것이 여기에 해당한다—청년기 젊은 혈기로 시작한 일이 대개 그렇게 끝나듯이 이제 땀과 돈으로 뒤치닥거리를 해야 하는 입장에 있는 실정이다.

우리의 냉전기 외교정책이 소련군사력 봉쇄라는 본래 목표에만 한정되었더라면 훨씬 더 성공적이었을 것이다. 모스크바의 동유럽에 대한 통제 강화, 서유럽과 일본에 대한 위협 가능성, 그리고 그 핵무기저장소는 억제될 필요가 있었다. 미국은 그러한 일을 수행할 충분한 능력을 지닌 유일한 강대국이었다.

냉전은 1949년 중국에서 공산주의가 승리하고 그 다음 해 한국에서 내전이 발발하자 세계화되었다. 이로 인해 유럽에서의 소련군사력 봉쇄라는 비교적 제한된 목표하에 시작되었던 것이 정책결정자들의 표현처럼 '국제공산주의의 음모(international communist conspiracy)'를 저지하는 것으로 바뀐 것이다. 이 반공투쟁은 대부분 대리전 또는 준식민지전쟁의 형태로 수행되었다. 그리고 1962년 거의 파국으로 치닫을 뻔한 쿠바 미사일 위기 이후 두 초강대국은 두 나라의 군대가 직접 충돌하는 일이 없도록 하기로 했다.

냉전에 관한 질문 중 재미있는 것은 그것이 왜 이렇게 어이없이 끝났느냐 하는 것이 아니라, 왜 그것이 그처럼 오랫동안 계속되어야 했었는가 하는 것이었다. 1970년대 데탕트에 관한 기본원칙들을 도출했음에도 불구하고 왜 두 초강대국들은 바로 휴전을 모색하지 않았을까? 만일 이 두강대국들이 휴전을 모색했더라면 그들은 여러 대리전이나 군비경쟁이라는 짐을 더 많이 덜 수 있었을텐데 말이다. 왜 서유럽이나 일본은 그들이 새롭게 벌어들인 부를 군사적 자립을 꾀하는 데 사용하지 않았을까? 왜 모스크바는 일본을 꾀어, 적대관계에 있는 북경을 측면포위하려 하지 않았을까? 왜 미국인들은 베트남과 싸우기보다는 베트남을 지원해서 중국을 견제하려 하지 않았을까? 왜 미국은 이미 오래전부터 경제적 곤란을 겪고 있었음에도 불구하고, 부유한 동맹국들의 방위비를 분담함에 있어서 '사자의 몫(the lion's share)'을 고집했을까?

냉전이 그런 양상으로 진행되었던 데는 많은 이유가 있었다. 먼저 NATO의 유럽인들과 일본인들은 미국으로부터 모든 방위비 부담을 떠맡길 원하지 않았다. 그들은 미국의 경제력을 따라잡고 언젠가는 맞겨루기 위해 자국의 경제력 강화에만 몰두했다.

둘째, 미소 두 초강대국들은 각자의 동맹국들에 대해 헤게모니를 계속해서 유지하는 것이 그들 국가들에게 유익하다고 보았고 실제로 이러한 헤게모니는 그들의 행동반경과 행동의 자유를 증대시켜 주었다. 러시아인들은 동유럽에 대해 물리적 점령과 협박을 통해 헤게모니를 행사한 반면 미국인들은 서유럽과 일본에 대해 방위를 제공해줌으로써 헤게모니를 행사했다.

셋째, 미국과 러시아는 상호경쟁 메커니즘에 너무 사로잡혀 있

었다. 상대방의 이데올로기를 지나치게 꺼려 했으며, 국제사회에
서 자국의 위상이 떨어질까봐 매우 두려워 했다. 그래서 두 나라
는 상호호혜적인 생존방식(modus vivendi)을 만들어 낼 수가 없었
다. 그 결과 베트남 아프가니스탄과 같은 실제로는 거의 가치가
없는 제3세계 지역에서도 값비싼 전쟁을 치러야 했고 그러는 과
정에서 자신의 힘을 약화시켰던 것이다.

넷째, 냉전체제는 비록 기괴할 정도로 소모적이고 경제적으로
도 불합리한 체제였긴 하지만 두 강대국들에게 상당한 이점을 안
겨 주기로 했던 체제였다. 러시아인들에게 냉전은 동구점령지대
에 마음대로 개입할 수 있게 했고, 독일을 물리적 분단과 정치적
통제상태에 놓이게 했으며, 시민들의 살림살이가 제1세계보다 제
3세계에 더 가까웠던 러시아로 하여금 초강대국이라는 지위를 누
리게 하였다.

미국의 입장에서 보면 냉전은 독일, 일본과 같은 잠재적 라이
벌 국가들을 군사적으로 지배하고 정치적으로 압력을 가할 수 있
게 했다. 군사비 지출을 통해 국내경제를 활성화시킬 수 있었으
며, 전후 정책입안자들의 목표였던 세계시장경제를 원활히 작동
되도록 하였다. 따라서 어느 냉소적인 평론가가 지적했듯이 두
초강대국의 목표는 상대방에 대한 승리라기보다는 균형유지였을
지도 모른다.[4]

4. Michael Cox, "From the Truman Doctrine to the Second Super-power
   Detente: The Rise and Fall of the Cold War," *Journal of Peace Research* 27,

강대국의 유혹

*****

냉전시절 미국인들은 세계적 개입(global intervention)을 당연시
했었다. 그러나 계속 그렇게 개입해야 할 것인지, 개입하는 것이
정당한지의 여부에 대해서는 별로 확신을 갖지 못했다.

2차대전 이후 국제주의(internationalism)는 오랜 뿌리를 갖고 있
었던 고립주의(isolationalism)를 물리치고 승리를 했지만 그 승리는
완전한 것이 아니었다. 이 둘 사이에는 비록 잠복되어 있긴 했지
만 강력한 긴장이 존재했었다.

고립주의적 충동은 두 개의 강력한 힘에 기초해 있었는데, 첫
째는 미국 예외주의(American exceptionalism)에 대한 깊은 신념이었
고, 둘째는 미국의 지리적 특수성으로 인한 안정감이었다. 즉 핵
시대 이전까지만 하더라도 미국인들은 지리적 위치 때문에 어떤
다른 나라의 분쟁으로부터도 안전하다고 느끼고 있었다.

미국 예외주의는 미국이 유럽과는 다르다는 믿음, 즉 미국은 유

no. 1(1990), p.31. Cox는 또한 2차대전 후 미국외교정책가들이 유럽에서
직면한 위험은 "붉은 군대나 공산당의 당면한 활동이 아니라 경제적 쇠락
이었다. 이것은 물론 논쟁거리지만, 경제파탄을 막기 위해 무역과 산업에
대하여 국가가 보다 더 통제를 가하게 됨에 따라서 조만간 좌익공산주의
자(그리고 사회주의자)들의 급진화를 초래할 것이다. 국가화된(statized) 서
유럽은 새로이 나타나고 있는 동유럽의 계획경제와 밀접한 연대를 꾀하게
될 것이다. 결국 유럽이 세계시장에서 벗어나 유럽의 재편을 갈망해 왔던
소련과의 밀접한 연계로 소련영향권으로 들어가게 될 것이다. 이러한 점
이 본질적으로 1947년의 '소련의 위협'이 의미했던 내용이었다"고(p.29)
강력히 주장하고 있다.

립의 폭군정치에 대한 대안으로 건설되었으며, 구세계(old world)의 권모술수로부터 엄격히 떨어져서 공화주의적, 인간주의적 가치를 지켜나가야 한다는 믿음에 기초해 있다. 조지 워싱턴(George Washington)이 고별사에서 언급했던 충고, 그리고 퀸시 애덤스(Quincy Adams)의 조언 등도 바로 이러한 믿음에 근거하고 있다. 애덤스는 "이익과 음모, 개인적 탐욕, 질투와 야심 때문에 국기를 흔들며 자유를 억압하려는 그 어떠한 전쟁"에도 개입하지 말아야 한다고 경고했다.

독립이란 국가의 운명을 스스로 완전히 통제할 수 있는 상태를 의미한다. 애덤스의 말을 빌면 미국은 "미국과 같은 목소리를 내는 국가에 대해서는 지지를 표하고, 미국과 유사한 경험을 겪고 있는 나라에 대해서는 자비로운 동정을 표함으로로써, 자유라는 대의명분을 (세계 다른 나라에) 권고해 나가야 할 것이다." 즉 미국은 세계에 대해 천박한 경쟁국들과 흙탕물 속에서 함께 장난치는 개구장이가 되어서는 안되며, 오직 모범국가(exemplar)가 되어야 한다는 것이다.

그러나 이 고립을 통해 순수성을 유지해야 한다는 믿음에는 똑같이 강력한 다른 믿음이 얽혀 있다. 그것은 미국이 자유의 복음을 세계에 확산시킬 의무가 있다는 믿음이다. 이러한 사명의식 때문에 교회목사들은 중국이나 다른 불행한 이교도의 땅에 가서 기독교와 자본주의라는 복음을 전파하려 했었다. 이러한 사명은 때로는 정치적 모습을 띠기도 했다. 구원은 국가를 수호하고 발전시키는 것만으로는 불충분하며 민주주의를 전세계에 확산시킴으로써 얻어질 수 있다는 생각과 같은 바로 그런 것이었다.

비록 미국의 본래 업무가 경제활동인 것은 사실이지만, 민주주의가 미국의 이념인 것도 사실이다. 미국인들은 자유주의자, 보수주의자를 막론하고 모두 미국의 정부체계가 미국민에게 최선의 정부형태일 뿐만 아니라 세계 다른 나라 사람들에게도 최선의 정부형태라는 것에 대해 확신하고 있다. 사실 전세계에 우리 정부체계를 전파함으로써 우리 자신에게 그것의 정당성을 입증하려는 것처럼 보이기도 한다.

많은 외국인들은 종종 미국인들의 민주주의에 대한 선언을 일종의 팽창주의를 위한 구실이라고 생각해왔다. 드골 장군은 그의 회고록에서 "곤경과 속박 속에 있는 전세계 모든 국가를 도와주려는 이 원기왕성한 국가는 외투 속에 지배본능을 감춘 개입주의(interventionism)의 유혹에 굴복했다"고 비난한 바 있다.

그러나 외국 사람들이 팽창이라고 보는 것을 미국인들은 박애주의(Philanthropy)로 본다. 이것을 가장 잘 표현한 사람이 우드로 월슨이다. 1917년 4월 의회에 보내는 참전메시지(war message)에서 그는 "민주주의를 위해, 권위에 굴복해 있는 사람들에게 정부선택권을 되찾아 주기 위해, 약소국의 권위와 자유를 지켜주기 위해, 그리고 세계 자체를 자유롭게 만들기 위해" 유럽의 전쟁에 개입한다고 선언했다.

이런 말들은 종종 유치하거나 위선적이라고 간주되기 쉽다. 그러나 이것을 쉽게 비난해서는 안된다. 그것은 마음 속 깊이 뿌리 박혀 있는 어떤 본능의 표출이다. 그것은 비록 유럽의 식민지로서 시작했으나 도망쳐온 유럽사회와는 다른, 그것보다는 더 나은 새로운 자기정체성을 창출해야 한다는 국가적 관심사의 표현이기도 하다.

식민지 이주자들은 자기의 주체성 확보를 위해 취해야 했던 행동들을 정당화해야 했다. 초기 이주자들의 뒤를 이은 새 세대들은 국가형성이라는 고되고 종종 잔인하기도 했던 현실을 신화로 만들어야 했다. 그리고 백인의 북미원주민 말살정책, 노예매매와 같은 현실과 타협할 수 있는 방법도 찾아야 했다.

미국 특유의 예술형식인 '서부극(the Western)'은 대륙과 그 원주민 정복이라는 거대한 주제를 정확하게 다루고 있다. 서부의 승리(the winning of the West)란 '야만적인 힘(forces of savagery)'과 문명과의 투쟁으로 규정된다. 서부극의 도덕성은 무서운 힘을 보다 고귀한 목적을 달성하기 위한 수단으로 이용한다는 데 있다.

이런 의미에서 미국 영화 속의 영웅은 문명과 사회와 미덕을 위해 싸우는 고독한 전사이다. 그는 잔인한 수단을 사용하여 선을 달성하고, 무력을 무력 그 자체를 위해서가 아니라 도덕적으로 보다 높은 목표를 위해 사용한다.

자신을 위해서가 아니라 남을 돕기 위해 힘을 사용하는 슈퍼맨, 쉐인(Shane), 또는 터미네이터 등이 그 대표적인 예이다. 종종 약간은 순진하고 자신을 과신하는 경향도 있기는 하지만 그들의 도덕적 목표는 명확하다.

영국의 스파이 드라마에 나오는 도덕적으로 중립적인 영웅 제임스 본드는 우리의 영웅과 대조적이다. 세련되고, 어떤 이상이나 충성을 경멸하는 제임스 본드는 고용된 냉소주의자이다. 외견상으로는 "여왕폐하의 임무(Her Majesty's service)"를 수행하고 있지만 그의 유일한 가치는 권력과 위신이며, 유일한 관심사는 즐기는 것이다. 그는 최고의 개인주의자이며 맹세나 충성심에 구속받지 않는 무법적 킬러이다. 제임스 본드가 즐기길 좋아하는 냉소적인 유럽인이라면, 슈퍼맨은 청교도적이고 이상주의적인 미국인이다.

미국인들은 (민주주의를) 전도하고자 하는 강한 충동을 가지고 있음에도 불구하고 애덤즈(the younger Adams)의 유명한 구절처럼, '때려잡을 괴물을 찾으러(in search of the monsters to destroy)' 해외로 나가는 것을 꺼려했다. 미국 사람들은 본질적으로 내부지향적이었다. 국내문제에 정신이 팔려 있었고, 오랫동안 왕조간의 분쟁과는 멀리 떨어져 있었기 때문이었다.

미국은 유럽과 아시아 남미대륙으로부터 멀리 떨어져 있었기 때문에 침입이나 정복 심지어 위험한 경쟁자와의 강도 높은 문화적 상호작용조차도 겪지 못했었다. 미국 역사에서 대외문제는 대부분 그들에게 선택사항이었지 필수적 요소는 아니었다. 그리고 그것은 하나의 기회였을 뿐 위험은 아니었다.

미국의 강도 높은 대외개입에 대해 많은 미국인들이 왜 그렇게 애매한 태도를 취하는지, 또 왜 이것을 국내사회의 요구에 어긋난 것으로 보고 있는지 궁금해 하는 것은 당연하다. 미국 지도자들은 개입의 이유를 자기이익에서 찾았다. 하지만 그것을 회의적인 일반대중에게 이야기할 때는 종종 이타주의(altruism)로 포장했다. 사실 그들 자신도 가끔 그렇게 느끼곤 했었다.

그래서 미국의 일반대중들은 지난 반세기 동안 치른 한국전과 월남전이 외부 사람들의 생각처럼 지역 헤게모니를 장악하기 위한 것은 그 지역 역사를 무시한 이데올로기 십자군 노릇을 하기 위한 것도 아니며, 그것보다 좀더 고상한 목표, 즉 어려움을 당하고 있는 사람들에게 민주주의라는 선물을 주기 위한 것이라고 믿었다. 이보다는 비용이 덜 들었지만 다른 제3세계 지역들에 대한 개입 역시 이타적 목적을 위한 활동들로 묘사되곤 했다.

많은 경비를 들여가면서 이렇게 호의를 베풀고 있는 데 대해 당사자들은 매우 감사해 할 것이라고 생각하는 것도 당연하다. 아마 이것이 왜 그렇게 자주 미국인들이 사랑을 받아야 한다고 말해 왔는지를 설명해 줄 수 있는 일부분인 것이다. 우리는 사랑받기를 원한다. 왜냐하면 우리는 우리가 좋은 일을 행하고 있다고 생각해 왔고 또 그렇게 들어 왔기 때문이다. 베푼 호의에 대해 감사의 말을 듣지 못했을 때, 우리는 그 배은망덕에 대해 의아해 하고 화를 냈다. 우리가 (소말리아 경우처럼) 집으로 되돌아 오거나 아니면 (베트남에서처럼) 도와주던 나라에 엄청난 보복을 가하거나 했던 것이 바로 이 시점이었다.

미국의 외교정책 엘리트들의 업무는 다른 민주국가의 경우보다 훨씬 더 어렵다. 다른 나라에서는 외교정책이란 특권계급의 특권적 업무로 간주된다. 반면 미국 사람들은 한결같이 자신들의 견해가 외교정책에 반영되어야 한다고 주장하며 외교 전문가들의 견해를 항상 의혹의 시선으로 쳐다본다. 이 때문에 정치 지도자들은 미국이 대외분쟁에 개입하려 할 경우 이러한 개입을 합리화할 수 있는 정당화 과정을 거쳐야 한다.

외교정책의 정당화작업은 대개 국익(self-interest), 이타주의(altruism), 이데올로기 등에 의해 이루어진다. 한국전, 월남전과 같은 쿠데타공작, 니카라과, 앙골라에서와 같은 대리전 등은 모두 이런 정당화 과정을 거쳤다. 정당화할 명분이 별로 없을 때는 여러 가지 새로운 논리가 개발되곤 했다. 미국과 같은 민주주의국가에서는 외교정책을 은밀하게 수행할 수 없다.

냉전시절 핵대결과 같이 물리적 위험을 현실적으로 느낄 수 있을 때는 대중들이 간섭주의의 외교정책을 적극 지지했다. 그렇게 하는 것 외에는 대안이 없다고 믿었기 때문이었다. 대중들이 외교정책에 이의를 제기했던 것은 한국과 월남이라는 두 개의 '봉쇄'전쟁 중에 외교정책이 통제를 벗어나 정치현실과 연관성을 상실했을 때였다.

그 당시 국가 지도자들은 일반 국민의 신뢰를 저버리고 국익을 손상시켰다는 믿음이 널리 퍼져 있었다. 특히 월남전을 치르는 가운데 가장 맹렬했던 시점에 이르러서 미국내 여론은 더이상 무분별한 해외개입을 하지 말고 미국은 후퇴해야 한다는 비판의 압력을 매우 높였다. 외교정책 엘리트들이 국민들의 이와 같은 감정을 하나의 '고립주의(isolationist)'라고 비난한 것은 당연하다고 하겠다.

일반적으로 자유주의자들은 큰 정부(big government)와 같은 고상한 명분에 입각한 무력개입에 호의적인 태도를 보내는 경향이 있다. 자유주의자들은 정부를 개혁의 담당자로 보며, 미국적 가치의 확산을 호의적으로 보기 때문이다. 이와는 대조적으로 보수주의자들은 전통적으로 약한 정부(weak government)를 선호해 왔으며 안보와 국익보호상 꼭 필요한 경우를 제외하고는 개입에 반대해 왔다.

냉전은 바로 이러한 이분법(dichotomy)을 뒤섞어 버렸다. 소련과 그 동맹국들이 공산주의를 채택했기 때문에 보수주의자들은 이들을 막기 위해 개입을 적극 지지했다. 이때 개입은 일반적으로 우익적인(그리고 억압적인) 정부를 지지하는 것을 의미한다. 반면 자유주의자들은 대개 그 개입에 반대했다. 전통적으로 반공주의적 우익이 개입주의자가 된 반면 자유주의적 좌익은 이른바 신고립주의(neoisolationism)를 지지했다.

이제 냉전이 끝나고 공산주의자들도 사라지자 옛날의 카테고리가 제자리를 찾고 있다. 즉 보수주의자들은 개입에 대한 열의를 잃고 있는 데 비해 자유주의자들은 개입을 찬양할 이유를 찾아내고 있다.

보스니아전쟁의 예를 보자. 이전에는 반전적이었던 좌익이 지금에 와서는 보스니아의 독립을 지키기 위해 미국이 군사적 행동을 취해야 한다고 주장하고 있다. 이와는 달리 보수주의자들은 공산주의자가 개입되지 않았음을 알자 개입을 정당화할 만한 '핵심적 이익'이 존재하지 않는다고 주장하고 있다. 이같은 현상은 하이티 침공을 둘러싸고도 발생했었다.

정치분석가들이 그렇게도 좋아하는 복잡한 '국익'계산법 배후에는 항상 도덕성이라는 문제가 깔려 있다. 미국인들 대부분, 특히 자유주의자들은 어떤 정의 또는 도덕적 요소가 관련되어 있지 않을 경우 미국보다 약한 국가에 대해 무력을 사용하는 것을 별로 좋아하지 않는다. 그래서 조지 부시는 석유보호를 위해 걸프전을 준비하면서 쿠웨이트 왕실을 구원하는 것이 곧 정의를 지키는 행동인 것처럼 주장했던 것이다. 비록 국익을 위해 행동하는 경우에도 우리는 우리의 무력사용이 정의로운 명분을 위한 것이라고 믿고 싶어한다.

일단 도덕적으로 정당한 것이라고 믿게 되면 우리는 대내외적인 비난에 대해 잘 흔들리지 않는다. 예를 들면 월남전 중 미국의 개입이 '제국주의적'이라는 비난을 받았어도 국민들은 흔들리지 않았다. 왜냐하면 그렇게 많은 비용을 지출하면서 고립된 국가를 도와 독립을 지키고 실현되도록 하는 것이 제국주의가 될 수는 없다고 믿었기 때문이다.

외국의 비판가들, 특히 맑시스트 논리에 사로잡혀 있는 사람들에게는 이런 점들이 잘 이해되지 않는다. 그들은 미국의 팽창정책을 '제국주의'로 보고, 값싼 노동력, 천연자원의 착취 등과 같은 경제적 관심사에서 팽창의 동기를 찾곤 한다. 그러나 미국정치의 특성을 지배하는 것은 경제적 요인이라기보다는 심리적, 역사적 요인이다.

냉전기간뿐만 아니라 그 이전에도 미국외교정책의 배후에 경제적 동기가 깔려 있음은 분명하다. 그러나 미국의 외교정책을 전적으로 경제논리로만 설명하려 하는 것은 경제적 요인을 완전히 무시한 설명과 마찬가지로 잘못된 것이다.

고립과 개입 사이의 주기적 이동, 도덕성의 강조, 자유와 민주주의를 다른 나라에 전파하려는 끊임없는 노력 등 이들 중 그 어느 것도 '경제'라는 줄무늬 자켓 속에 완전히 집어넣을 수 있는 것은 없다. 외교정책 엘리트들이 나름대로의 우선 순위를 갖고 있는 것은 사실이지만 그것은 미국 국민들의 관심과 꿈, 신화, 정열, 역사적 경험과 섞여야만 한다. 미국의 외교정책은 종종 순진하거나 위선적일지도 모른다. 그리고 때로는 손해를 자초하는 정책인 경우도 있다. 어쨌든 이 모든 것이 대차대조표 논리만으로 설명될 수 없음은 분명하다.

냉전시대의 미국외교정책은 국익과 도덕성을 적절하게 결합시킨 방법에서 진행되었기 때문에 냉전시대의 미국 대통령들은 국민들로부터 전폭적인 지지를 받을 수 있었다. 심지어 1940년의 프랭클린 루스벨트로부터 1992년의 조지 부시 대통령에 이르기까지의 모든 역대 미국 대통령들은 사실상 전시 대통령들이었다. 최고 통수권자로서의 권위는 그들의 국내정책의 실패에 대한 국민들로부터의 의혹과 비판을 극복하게 해 주었다. 그들은 대내적으로 실패할 때마다—이들은 모두 어떤 형태로든 국내문제에 있어 실패한 경험을 갖고 있다—대외적 위기—냉전시절에는 어디엔가 항상 위기가 있게 마련이다—를 조성함으로써 지지와 권위를 회복하곤 했다.

반세기가 지난 지금에 와서 볼 때 빌 클린턴이야말로 진정한 최초의 평시(平時) 대통령인 것이다. 그는 대내외적 위협을 이용하여 국내문제에서의 자신의 실패를 만회할 수 없는 무능력으로 인해 커다란 고통을 겪고 있다.

이로써 클린턴과 그의 후임자들이 맞게 될 딜레마는 앞으로 탈냉전시대를 맞아 국익과 도덕성을 결합시킴으로써 일반대중의 지지를 얻을 수 있었던 냉전시대처럼 새로운 외교정책을 어떻게 만들어내느냐 하는 것에 달려 있다 하겠다.

3
새로운 역할

　40여 년 전 딘 에치슨(Dean Acheson) 미국무장관은 국무장관직에서 물러난 후 영국 사람들에게 행한 강연에서 "영국은 제국을 잃은 후 아직 새로운 역할을 찾지 못하고 있다"고 말했다. 그는 그동안 영국이 맡아왔던 세계중앙은행으로서의 역할과 세계심판관으로서의 역할, 그리고 세계경찰관으로서의 역할을 이제 미국이 인수했음을 분명히 했던 것이다. 그는 영국은 이제 자신들의 재정적 능력에 알맞게 자신들의 야심도 줄여야 한다고 말했다.
　애치슨의 이러한 말은 다소 직설적이긴 했지만 틀린 말은 아니었다. 영국관리들은 그를 버릇없다고 생각하고 그가 지적한 진실을 애써 무시하려 했지만, 애치슨이 영국인들에게 하고자 했던 말은 세계는 계속 변화하고 있다는 것과 새로운 강대국이 등장했다는 것, 그리고 영국이 비록 큰 나라이긴 하지만 더이상 새로운 국면을 이끌어 나갈 수는 없다는 것을 지적하고자 했던 것이었

강대국의 유혹

다. 그 후 영국은 자신의 위상을 재조정했고, 그래서 그들은 그 이후로도 계속해서 새로운 역할을 모색해 왔으며, 종종 변화된 현실상황을 부정하고 향수 어린 허세를 부리기까지도 했었다.

그런데 오늘날 바로 우리 자신들의 모습이 마치 과거 영국의 그것과 매우 흡사한 처지에 놓여 있게 된 것이다. 그러나 1945년의 영국과는 달리 오늘의 우리는 과거 영국이 그랬던 것처럼 우리보다 강한 나라에 의해 밀려난 것은 아니었다. 사실 새로운 강자가 등장했음에도 불구하고 옛날의 구태의연한 게임방식에서는 이러한 강자들이 우리를 쉽게 물리칠 수 있을 것 같지는 않다. 더구나 이와 같은 생각들이 사실이라면 우리는 단지 좀더 열심히 노력하면 될지도 모른다.

냉전이 지나감에 따라 미국은 더이상 과거의 권위와 행동의 자유를 누릴 수 없게 되었고, 오히려 미국은 유럽과 일본의 도움을 필요로 하게 되었다. 이렇게 함으로써 미국은 이들에게 안보를 보장해 주면서 재무성의 채권구입을 통해 자신들의 만성적인 재정적자를 보전할 수 있는 방향으로 나아가고 있다. 특히 미국 대통령들은 이미 걸프전에서 드러난 것처럼 이제 다른 나라가 전쟁수행에 드는 모든 비용을 부담하지 않으면 돈이 많이 드는 군사작전과 같은 것을 수행하기 싫어한다. 걸프전이 바로 그 대표적인 예이다. 만일 다른 나라들이 (전쟁의) 책임과 일이 잘못되었을 때의 비판을 나누어 갖지 않는다면, 골치 아픈 지역에 개입하여 평화유지(peace-keeping) 또는 평화창출(peace-making)이라는 끝없는 수렁에 발을 들여놓지 않겠다는 것이다.

냉전이 종식됨으로써 옛날의 적수들은 이제 무의미해졌고, 과거의 힘의 방정식 역시 마찬가지로 무의미해졌다. 군사력은 이제 국력을 결정하는 여러 구성요소 중의 하나에 불과하며 그것도 과거처럼 큰 비중을 차지하지도 못하게 된 것이다. 대통령은 군대를 소집하고 CIA를 조종할 수 있지만 이런 것이 일본의 무역장벽을 낮추고 재정적자를 완화하는 데 별로 도움이 될 것 같지는 않다. 강대국간의 경쟁무대는 적어도 당분간은 군사적 영역에서 경제적 영역으로 이동될 것이며, 더이상 이데올로기를 구실로 한 어떠한 싸움도 일어나기 어렵게 되었을 뿐만 아니라 미묘한 군사적 균형에 의한 지배도, 군사적 개입을 통한 어떠한 행위도 더이상 일어나기 어렵게 된 것이다. 이제 경쟁의 개념은 군사적대결에서 점점 더 기술(technology)과 재정(finance), 무역(trade) 그리고 혁신(innovation) 등의 문제로 바뀌고 있다. 이런 면에서 본다면 러시아와 같은 옛날의 적수들은 놀라울 정도로 약한 종속국가가 되고 있는 반면 냉전시대의 우리의 동맹국들은 점점 더 무서운 무역경쟁자로 변해 가고 있다.

반세기 동안 군사비 지출에 의존해 온 나머지 상당히 왜곡되었던 미국경제가 이같이 극적인 전세계적인 힘의 이동의 변화에 대처하기란 쉽지 않을 것이다. 희생양을 잃어버린 국민들, 무엇보다도 세계를 이끌어갈 권리와 의무가 있음을 당연시 여겼던 미국의 정치 엘리트들에게 있어서 이와 같은 상황을 대처하기란 쉽지 않을 것이다. 소련이라는 적대자가 몰락하고 과거의 동맹이 붕괴됨으로써 우리는 어떤 의미에서는 국지전(regionl wars), 세력균형(power of balance), 연합(coalitions), 영향력이 미칠 수 있는 세력권(spheres of influence)과 같은 냉전 이전의 모습으로 되돌아가고 있다. 이와 더불어 국제사회의 맹아가 점점 성장해감에 따라 국가 사이에 놓여 있던 전통적 문화장벽과 경제장벽 또한 계속해서 침식되어 가고 있다.

몇 년 전까지만 하더라도 비록 분할되어 있긴 했지만 정치적으로는 매우 안정적이었던 세계가 지금은 놀라운 속도로 파편화되고 있다. 냉전을 대신해 한편으로는 역사상 그 어느 때보다도 통합된 세계경제체제가 생겨났는가 하면, 다른 한편으로는 유혈적 반목, 체제붕괴, 만인에 대한 만인의 전쟁(wars of all against all) 등으로 특징지어지는 옛날의 정치적 원시주의(political primitivism)가 되살아나고 있다.

또한 세계 도처에서 민족국가가 공격받고 있는가 하면 그 공격은 주로 민족국가를 시대착오적 유물로 생각하는 사람들에 의해서 이루어지고 있다. 특히 유럽인들이 시도하고 있듯이 민족국가를 보다 더 상위의 실체로 통합하려는 사람들이나 아니면 민족국가를 부족이나 민족성을 가두어 놓는 감옥으로 비난하고 그것을 분해해서 인종적으로 '좀더 순수한(more pure)' 구성분으로 해체하려는 사람들에 의해 이루어지고 있다. 가끔 동일한 장소에서 두 가지 상반되는 움직임이 동시에 진행되고 있는 경우도 있다.

구질서가 붕괴되긴 했지만 군사적 시각에서 본다면 미국이 역사상 지금과 같이 안전한 상태에 있어 본 적은 일찍이 없었다. 반세기 중 처음으로 우리는 외부로부터 심각한 안보위협에 직면하고 있지 않다. "이렇다 할 적대적인 동맹도 없다. 세계에서 가장 힘있고 능력있는 국가는 모두 우리 친구이다"라고 공화당의 낙관적인 국방장관 딕 체니(Dick Cheney)는 말한 바 있다.

그러나 정책결정자들은 아직도 위협과 신뢰성이라는 개념에 사로잡혀 있다. 일찍이 월남전에 반대한 바 있는 빌 클린턴조차도 이따금씩 냉전적 사고방식에 빠지곤 한다. 소말리아로부터 미군의 철수를 발표하면서 그는 이 철수가 점진적으로, 승리인 것처럼 진행되어야 한다고 말했다. 그렇지 않을 경우, "우방 및 동맹국가에 대한 우리의 신뢰성이 상처받게 될 것이며, 세계문제에 대한 우리의 리더쉽이 약화될 것"[1]이라고 설명했다.

신뢰성(credibility)이란 용어는 과거 러시아인들에게 우리의 어떤 결심이 사실임을 믿게 만듦으로써 우리의 의지를 의심하여 시험하는 행위, 예컨대 쿠바 미사일 위기 때와 같은 무시무시한 일련의 행동을 시도하는 일이 없도록 함을 뜻한다. 그런데 지금은 이 신뢰성이란 개념이 무엇을 의미하는가. 친구나 동맹에 대해서도 적용되는가. 과거에 '신뢰성'이라는 것은 이를테면 우리가 과

---

1. Cheney cited in Robert L. Borosage, "Inventing the Threat," *World Policy Journal 10*, no. 4(Winter 1993-1994), p.8; Cliton in "Clinton's Words on Somalia," *New York Times*, Oct. 8, 1993.

시하고자 했던 것과 같은 것이었다.

　신뢰성의 개념은 리더쉽의 개념처럼, 대외정책 담당자들이 안보개념을 어떻게 설정하느냐 하는 것과 연관되어 있다. '국가안보(national security)'라 할 때 그것은 단지 국가의 물리적 방어나 시민의 복지와 자유를 보호하는 것만을 뜻하지는 않는다. 국가안보에는 이런 것들 외에 이른바 '안보환경(security environment)'을 방어하는 것을 의미한다. 안보환경이란 개념은 필요에 따라 적용범위를 얼마든지 확장시킬 수 있다는 데 그 특징이 있다. 이 용어의 유용성은 바로 그 의미의 모호성에 있는 것이다.

　안보환경은 자국, 인접국, 그 외부에 있는 국가, 바다, 공중, 또는 이것과 관련된 세계 전체를 가리킬 수도 있다. 안보환경은 넓게 해석하면 모든 것을 포함한다. 이러한 개념이 나오게 된 것은 바로 냉전 때인데 미국이 세계적 야심을 지닌 도전자를 맞게 되자 자신의 안보개념을 범세계적인 개념으로 구성해 버림으로써 나타나게 되었던 것이다.

　그러나 자신의 팔 길이(군사적 능력-역자주)와 호주머니 깊이(경제능력-역자주)에 맞추어 안보개념을 정의하려 했던 것은 미국이 처음은 아니었다. 두 명의 영국 역사가가 대영제국에 관한 글에서 설명하고 있듯이,[2] 이런 식의 개념정의는 빅토리아시대 때 해외에 있는 영국의 핵심이익을 지키기 위해 처음으로 시도되

2. Ronald Robinson and John Gallagher, *Africa and the Victorians*, London: Macmillan, 1964, p.274.

었다. 식민지 방어는 불가피하게 개입범위의 확장을 초래한다.

대(對) 인도투자를 보존하기 위해 그들은 히말라야산맥과 중앙아시아 변경을 지켜야 했다. 항해의 자유를 확보하기 위해 그들은 또 수에즈운하를 장악해야 했다. 이것은 운하가 위치해 있는 이집트 및 운하에 대해 문제를 일으킬 잠재적 가능성이 있는 인접국가들을 경비해야 한다는 것을 의미한다. 동심원은 점점 확대되어 결국 영국의 안보환경은 동부해안과 아프리카 내륙에까지 이르게 되었다.

불행히도 이 지역사람들이 영국의 지배에 항상 만족해 하지는 않았다. 그래서 영국은 이들을 감시하거나 편익을 제공해줌으로써 즐겁게 해주어야 했다. 영국은 이 지역에서, 그리고 결국은 소요의 진원지가 될 수 있는 인접지역에서, 질서를 유지하는 경찰관이 되었다.

이윽고 영국은 표면상 인도에서의 자국의 위치를 보호한다는 명목으로 아프리카 내륙 깊은 곳에서 벌어지는 부족간 갈등에도 개입했다. 모든 연결고리가 핵심적으로 중요했다. 그 사슬은 점점 길어져 마침내 아프리카제국을 운영하게 되었다.

결국 아무리 많은 지역을 통제하더라도 그들은 결코 안전하다는 느낌을 가질 수는 없었다. 역사가들이 말하는 '불안전 전선(the frontiers of insecurity)'이 무한정 확대되었다. 이 과정은 핵심이익(vital interest)이 무엇인지에 대한 명확한 정의도 없이 계속되었다. 그들은 문제의 확대를 우려하는 시민들에게 자신들이 방어하고

자 하는 핵심이익이 무엇인지를 조리있게 설명하지도 못했다. 오히려 그것은 당시 절정에 이른 대영제국의 자부심과 국부의 크기가 어느 정도냐에 달린 문제였다.

작은 나라들은 이와 대조적으로 그들의 안보위협을 매우 인색하게 설정한다. 먼저 그들은 국가이익을 좁게 설정한다. 그런 다음 그 이익을 위협하는 상황에만 대응해 나간다.

예를 들면 스웨덴은 적대적인 잠수함의 발틱 해 항해를 매우 우려했기 때문에 이 문제에 관해서는 분명한 조치를 취했다. 그러나 그들은 동남아시아에서 벌어지는 전쟁에 대해서는 전혀 신경을 쓰지 않았다.

하지만 강대국들, 특히 우리와 같이 스스로를 '초강대국'으로 규정하는 나라의 경우는 다르다. 그들은 안보방정식을 거꾸로 생각한다. 먼저 마음에 들지 않는 상황은 모두 위협요소로 간주한 다음 자신들의 '이익'을 지키기 위해 그 위협에 대처할 것을 선언한다.

결과적으로 그들은 자신들의 국가이익에 해당된다고 생각되는 제한적인 이익이란 개념을 확대해석하여 이 개념을 보편화시켜 버린다. 이것이 바로 냉전시절에 미국이 취했던 접근방식이었다. 좌익으로부터 공격받는 정부가 있는 지역이나, 미국이 달러와 군사장비를 지원해 주지 않으면 '공산주의자가 되겠다'고 협박하는 정부가 있는 곳은 어떤 곳이든 모두 '위기지역(crisis areas)'으로 규정되었다. 이런 식으로 십여 개 아니 수십 개의 나라가 우리 이익에 '핵심적(vital)' 지역으로 간주되었다. 남한과 월남의 경우처럼 일부국가에 대해서는 군대를 파병해 전쟁을 치르기도 했다.

*****

냉전기간 동안 미국에게 있어서 궁극적 위협요소는 결국 소련이었다. 소련이 바로 우리의 군사전략과 군대의 임무, 방위비 규모를 대부분 결정지었다. 소련이 없어지자 이와 함께 미국의 전략논리도 사라졌다. 그래서 새로운 미국의 전략 청사진이 고안되어야 한다. 적이 없으니 방위비 예산을 줄이고 '평화분담금(peace dividend)'이 있어야 한다고 생각한 것은 당연한 귀결이라 하겠다.

1993년 가을 펜타곤은 미국국방계획에 대한 이른바 '근본적'인 재검토 보고서를 내놓았다. 공산주의가 몰락함으로써 '위협이 사라졌다'고 솔직히 시인하고, "탈냉전 시대에 미국이 대결해야 할 가장 중요한 위협은 아마 경제적 위협일 것이다"[3]라고 이 보고서는 쓰고 있다.

그렇지만 정책기획가들은 냉전기에 설정된 5개년 국방비 지출계획 중 겨우 7%만 삭감키로 했다. 병력유지비는 일부 삭감했지만 잠수함의 수를 증가시키고, 12개 비행전투단은 그대로 유지시켰다. 이 비행단은 원래 항로보호를 목적으로 만든 것이었지만 국무성 문서가 말해주듯이 "소련 해군이 없으면 아무도 우리가

3. Borosage, "Inventing the Threat," p.7, 9 인용.

해양을 장악하는 데 대해 도전해 오지 않을 것"임에도 불구하고 그대로 유지키로 한 것이다.

냉전 동맹국들에 대해 소위 '안전보장(reassurance)'을 제공해 주기 위해 클린턴 정부 역시 이전의 부시 정부와 마찬가지로 유럽에 약 10만 명 이상의 미군을 주둔시키고, 한국·일본·페르시아만에도 병력을 영구 주둔시키고 있다. 걸프만의 권력자들을 보호하는 데는 매년 약 900억 달러 가량이 소요된다. 이 액수를 감안할 때 기름가격을 정확히 얼마로 보아야 옳은지 궁금하지 않을 수 없다.

현행의 2,530억 달러라는 방위예산은 전년도에 비해 적은 양이나마 상당히 감소된 것이다. 하지만 이것은 여전히 냉전시대의 평균 방위예산의 약 85%에 해당한다. 이것은 또한 세계 다른 나라들의 총예산을 합친 것과 같다.[4] 이 액수 중 절반은 이미 제 기능을 상실한 러시아로부터 유럽 및 아시아의 냉전시대 동맹국들을 보호하는 데 소비되고 있다.

우리의 방위비를 상승시켰던 소련이 이제 붕괴되었는데 그 많은 방위비는 어떻게 정당화될 수 있는가? 펜타곤의 기획가들에 따르면 그것은 '우리와 상반되는 이해관계를 갖고 있는 주요 지역강대국의 공격'이나 '인종적, 종교적 적대감으로 인해 야기되는 소규모 갈등'에 대처하기 위한 것이라고 설명하고 있다. 이같은

---

4. Lawrence J. Korb, "Shock Therapy for the Pentagon," *New York Times*, Feb. 15, 1994, p.A19를 참고.

잠재위협들에 대처하기 위해 전략기획가들은 미국이 "동시에 발생하는 2개의 대규모 지역갈등에 승리할 수 있도록" 해야 한다고 주장하고 있다.

펜타곤이 염두에 두고 있는 것은 어떤 지역분쟁인가? 그 중 하나는 아마 산유국에 대한 위협일 것이다. 그러나 가장 유력한 후보자인 이란이나 이라크 등은 모두 강대국은 아니다. 그리고 석유왕국의 지배가문에 대한 가장 큰 위협은 코란을 손에 든 내부 반란자들이다.

또 다른 분쟁지역은 한반도이다. 그러나 설사 북한이 핵무기를 개발한다 하더라도 남한은 계속 미국의 핵우산 아래 보호를 받게 될 것이다. 만일 재래전이 다시 발생한다면 남한은 그의 북쪽 사촌을 다루기에 충분한 양 이상의 인력을 갖고 있다. 즉 남한은 북한보다 인구에 있어서 2배, 부에 있어서는 10배 더 많다. 어쨌든 두 한국 사이에 전쟁보다는 통일이 될 가능성이 더 많으며, 그것도 서독이 동독을 떠맡은 것처럼 남한이 북한을 떠맡게 되는 형식의 통일이 될 가능성이 많다.

유럽국가들은 과거 60년 동안에 비해 공격받을 위험성이 더욱 줄어들었으며, 러시아나 어떤 아시아 강대국이 미국의 핵심이익에 도전할 가능성이 거의 없게 되었다. 그러므로 "펜타곤의 '정책수립 전제조건(planning requirement)'들은 우리가 직면하고 있는 현실세계에 대처하기 위해서라기보다는 우리가 현재 갖고 있는 군사력과 국방조직들을 정당화하기 위해 만들어진 것이다"라는 한

분석가의 결론을 반박하기 어렵다.

사실 무의식적이긴 하지만 윌리엄 페리(William Perry) 미국방장 관조차도 이런 견해를 내비친 적이 있다. 1994년 봄 하원의 군사 위원회에 신전략을 제출하면서 의원들에게 그는 두 개의 전쟁전략(the two-war strategy)을 실제 수행할 능력이 있는지 여부에 대해서는 너무 우려할 필요가 없다고 시사했다. 그는 "우리가 두 개의 전쟁을 동시에 수행해야 할 상황은 발생가능성이 거의 없는 시나리오이기 때문이다"고 말했다.[5]

냉전이 더이상 존재하지 않는데 왜 냉전시대의 방위예산이 필요한가? 한 가지 가능한 답변은 관료들이 자기 입지를 계속 유지하려 하기 때문이라는 것이다. 군대는 이 점에 있어서 사기업이나 다른 정부기관과 조금도 다르지 않다. 관료사회의 제일법칙이 조직의 유지라는 점은 널리 알려진 사실이다.

정치적, 전략적 측면에서도 그 이유를 찾을 수 있다. 냉전은 단순히 공산주의와의 싸움만은 아니었다. 그것은 하나의 네트워크를 통해 이 국제체계를 통제해 왔다. 다른 선진공업국들은 독자적으로 행동하려는 충동을 갖기도 했지만 그렇게 하지 않고 워싱턴의 지시에 따랐다. 두 초강대국이 겨루는 시대에는 제일 강하고 가장 우호적인 초강대국과 동맹을 맺는 것이 사려 깊은 행동

---

5. "Forces and structures…" Borosage, "Inventing the Threat," p.10; Perry in Eric Schmitt, "Lawmakers of Both Parties Challenge 2-War Strategy," *New York Times*, Mar. 8, 1992.

이라고 판단했기 때문이다.

위협적인 적이 사라지면 그런 동맹체계는 유지되기 어렵다. 일본, 중국, 독일과 같은 나라들은 군사적 강대국이 될 잠재력을 가지고 있다. 이런 현실은 미국의 리더쉽에 위협이 될 뿐만 아니라 유럽 및 아시아에서의 지역분쟁 발발가능성까지도 높여준다.

이러한 사실과 미국의 국방예산과는 어떤 관계가 있는가? 밀접한 관계가 있다. 공산주의 봉쇄만을 목적으로 하지 않고 정치적, 경제적으로 통합된 세계체제를 만들어 그것을 위싱턴의 통제하에 두려는 것도 바로 이 때문이었다. 그러나 냉전이 종식됨으로써 이런 국제체계를 결합시켜 주었던 접착제가 이제는 점점 느슨해지고 있다. 그러나 아직 그 배후에 놓여 있던 명분까지 없어진 것은 아니다.

그 명분은 1992년 언론에 유출된 펜타곤의 기획문서에 잘 나타나 있다. 거칠게 완성된 이 문서는 일반대중을 위한 것은 아니었다. 이 문서의 작성자는 미국은 미국의 리더쉽에 도전하거나 지역적, 세계적 역할강화를 꾀하는 어떠한 지역강대국들의 열망도 꺾어 놓아야 한다고 주장했다.

이 무례한 제안을 하는 이유로는 설사 우호적인 국가에 의한 것이라 할지라도 지역적 영향력을 강화하려는 어떤 국가의 노력은 그들의 이웃과 경쟁 혹은 분쟁을 일으킬 가능성이 있기 때문이라고 한다. 이 경쟁 혹은 분쟁은 정치적 불안정을 초래하고 세계무역을 방해하고 기존의 많은 상호협력적 국제합의사항을 무효화시킬 것이기 때문이다.

따라서 비록 부담이 크긴 하지만 미국의 헤게모니는 궁극적으로 모든 나라에게 이롭다는 것이다. 그러므로 헤게모니를 유지하는 것은 미국의 의무이다. 펜타곤 전략가들은 말하기를 미국은 "자신들의 이익뿐만 아니라 동맹국, 우방국의 이익도 위협하며 나아가 국제관계를 매우 불안정하게 만들 가능성이 있는 잘못된 행위에 대해 그것을 훈계하는 책임을 맡아야만 한다"[6]라고 주장하고 있다.

이것은 다음과 같은 패러독스에 대해 부분적인 해명을 제공해준다. 왜 냉전의 종식이 냉전시대 국방예산의 종식을 의미하지는 않는가, 혹은 왜 소련이 사라지고 중국이 자본주의로 개종했는데도 불구하고 세계에 떠도는 국제적 위협(global threats)이라는 유령은 줄어들지 않고 있는가?

과거에 미국의 군수공장들은 주로 소련에 대항하기 위한 것이었으나 지금 그것은 모든 나라에 대처하기 위해서이다. 또한 과거에는 공산주의를 봉쇄하는 것이 주목적이었으나 지금은 세계의 무질서를 봉쇄하기 위해서이다. 공산주의는 적어도 지역적으로 국한시킬 수 있으나 무질서는 세계 어느 곳에서나 일어날 수 있다. 그러므로 소련을 억제하는 데 필요했던 것과 유사한 수준의 군사력이 요구된다는 것은 놀랄 일이 아니다. 무질서를 진압

6. Patrick E. Tyler, "U.S. Strategy Plan Calls for Insuring No Rivals Develop," *New York Times*, Mar. 8, 1992.

하려면 세계 모든 곳에서 발생하는 질서파괴자(wrong doers)의 행위에 적극 이들의 행위를 막을 수 있을 만큼의 막대한 무기가 요구된다.

무질서를 질식시키는 일(the suppression of disorder), 다시 말해 "안정적 국제환경"을 창출하는 것이 이제는 이미 낡은 봉쇄정책을 대신하여 1990년대 국가안보의 정석(定石)이 되고 있다.

펜타곤이 유럽이나 일본에게 왜 "미국의 리더쉽에 도전하지 말아야 하며, 지역적, 세계적 역할을 확대하려 해서는 안되는가, 미국은 왜 그것을 저지하려 하는가"를 설명하기란 쉽지 않다. 이러한 것 때문에 당황한 관리들은 유출된 보고서를 나중에 새로 다듬어 제출하기도 했다. 하지만 중심논점은 그대로 남아 있다. 미국이 세계 모든 곳의 분쟁을 없애버림으로써 다른 강대국들로 하여금 군사력을 증강시킬 계기를 확실히 제거하는 것이 결국은 모두에게 이익이 된다는 논리말이다.

이 전략은 전제부터 의심스러울 뿐만 아니라 많은 문제점을 내포하고 있다.

첫째, 국제환경이 조용해져야 국가가 번영할 수 있다는 논리는 타당한 것인가 하는 문제인데, 이것은 지난 역사를 되돌아보건대 전적으로 그 반대인 것 같다. 전쟁준비를 하거나 전쟁에 참여할 때보다 국가가 더 발전하는 경우는 드물었기 때문이다. 공장은 풀가동되고 실업이 사라지고 상호반목하던 인종, 사회집단들이 공동의 목표를 위해 단합한다. 과거 미국경제에 또 다시 드리워

졌던 불황의 먹구름을 제거해준 것은 한국전쟁과 그 후의 재무장 추진이었다. 한국전쟁은 또 일본에 가해졌던 전후제재조치들을 해체시켜 주한미군이 필요로 하는 군사장비를 일본으로 하여금 공급케 했는데, 이것이 일본 경제신화의 원동력이었다. 이와 유사하게 서유럽의 경제도 냉전이 시작됨과 더불어 고속성장하기 시작했다.

둘째, 만일 우리가 국제경찰노릇을 한다면 보호해야 할 나라와 처벌해야 할 나라를 어떻게 결정할 수 있는가? 중국과 일본 또는 중국과 러시아가 싸운다고 가정해 보자. 이때 우리는 누구 편을 들어야 하는가. 그들은 모두 우리와 교역을 하고 있다. 만일 우리가 어느 한쪽 편을 든다면 우리는 상대편 나라와 멀어질 것이다. 관계가 멀어진 측은 우리를 우호적 중재자로 보기보다는 적으로 간주할 것이다. 그 나라는 안보를 '보장'받고 있다고 느끼기보다는 위협받고 있다고 느낄 것이다. 펜타곤 관리의 표현대로 우리는 "지역균형 조정자 및 정직한 중개자(regional ballancer and honest broker)"가 되기보다는 간섭하기 좋아하는 귀찮은 싸움꾼으로 전락될 가능성이 크다.

셋째, 자신의 군사안보 또는 핵심적 국가이익의 방어를 필연적인 이유 없이 선뜻 다른 나라 수중에 내맡길 강대국이 있겠느냐 하는 점이다. 우리라면 그렇게 하지 않을 것이 틀림없다. 보호자가 아무리 우호적이라 할지라도 절망적 위기상황에 봉착한 경우를 제외하고는 자신의 힘을 포기하려는 국가는 없을 것이다. 냉전시절에도 영국과 프랑스는 우리의 안보보장에도 불구하고 독자적인 핵기지를 보유했었다.

넷째, '나쁜 자(malefactors)'를 처벌하여 무역파트너의 안전을 '보장(reassure)'해 주려는 행위가 오히려 그 무역파트너를 더욱 근심하게 만드는 경우도 있다. 예를 들면 1994년 미국은 핵개발계획을 둘러싸고 북한과 충돌 직전까지 갔었다. 북한이 핵무기를 생산할까 우려해서 워싱턴은 군사적 대결을 회피했지만 경제제재를 지지했다. 그러나 직접적 관련당사자들인 한국과 일본은 우리보다 훨씬 더 조심스러웠다.

그들은 북한이 붕괴되어 피난민이 쏟아져 내려오거나 혹은 궁지에 몰린 북한이 비합리적인 과격행위를 하지는 않을까 우려했다. 우리가 거친 방법으로 우리 동맹국들의 안전을 '보장'하려 했을 때 그들은 상황을 더욱 악화시킨다고 경고했던 것이다. 보험회사가 오히려 배를 침몰시키고 있다면 누가 그 보험에 가입하려 하겠는가?

다섯째, 국제헌병(gendarme) 역할의 수행을 세계 최대 채무국이 감당하기엔 경비가 너무 많이 소요되는 일이라는 점이다. 그것은 또 위험스러운 일이기도 하다. 왜냐하면 직접적인 이해관계도 없는 세계 각지의 모든 분쟁에 끊임없이 개입해야 함을 뜻하기 때문이다. 클린턴 행정부가 보스니아에서 손을 뺀 것도 바로 그런 분쟁에 끌려들어가 좌절하고 상처받고 국내적으로 불협화음을 빚을까 우려했기 때문이었다.

강대국의 유혹

전략가들에게 그렇게 호소력을 지닌 이 '재보장정책(the reassurance policy)'은 우리의 주요 무역파트너들이 정치적 야심뿐만 아니라 경제적 야심도 갖고 있다는 사실을 무시하고 있다. 그들은 미국이 지켜주겠다는 것을 거부하지 않는다. 그러나 그들은 동시에 미국정부의 입장과 배치되는 어떤 결정을 내리고 그것을 행동에 옮길 수 있는 자유를 갖고 싶어한다. 그들은 '우호적인 초강대국'과 독립적으로―때로는 대립해서―행동할 필요성을 느끼고 있다.

이 때문에 그들은 미국의 통제를 받지 않는 자신만의 강력한 군사력을 가지려 한다. 일본과 중국이 군사적 역량을 현저히 증대시키고 있는 이유도 여기에 있다. 미국을 믿지 못해서가 아니라 자신의 정치적 목적을 추구할 수 있는 행동의 자유를 바라기 때문이다.

펜타곤의 기획가들은 미국의 우호적 헤게모니가 모든 다른 나라들에게도 이익이 된다고 주장할지 모른다. 그러나 일본, 중국, 독일이 이끄는 유럽, 그리고 언젠가 부활할 러시아와 같은 지역 강대국들이 부상하고 있는 이 세계에서 미국이 그같은 권위를 계속 행사하기는 어려울 것이다. 세계경찰 노릇은 설사 '모든 사람의 이익을 극대화'하기 위해서라 할지라도 결과적으로는 미국의 이익을 손상시키게 될 것이다. 냉전시대에 우리는 과도한 방위비 지출로 인해 민간기업의 투자자본을 고갈시켰다. 반면 우리의 무역경쟁국들은 우리가 제공한 군사력 우산 아래서 계속 힘을 키워

왔다. 그들이 점점 강해지는 만큼 상대적으로 우리는 점점 더 약해졌다. 좋은 예로 일본과의 관계를 살펴보자. 정치평론가 벤자민 슈와르츠(Benjamin Schwartz)는 "우리가 보호하려는 이 국제체계는 결국 우리의 통제능력을 약화시키고 과거 우리가 영국을 대신했듯이 우리를 대신할 새로운 강력한 라이벌을 만들어낼 것이다"라고 말했다.[7]

　동맹국들의 안전을 '보장'해 주는 데는 적지 않은 비용이 소요된다. 현재 유럽에 연간 1,000억 달러, 일본과 한국에 연 469억 달러가 소요되고 있다. 현재 연방정부가 임의로 사용할 수 있는 지출총액의 50% 이상이 국방비에 들어가고 있다. 적이 없어졌는데

7. Benjamin C. Schwartz, "The Arcana of Empire," Salmagundi 101-102 (Winter-Spring 1994): 그는 자극적인 연구를 견지하면서 "그리하여 미국은 종국적으로 모든 패권국들을 곤경에 빠뜨리게 할 딜레머에 직면하였다. 국제체제를 안정시키는 것은 쓸모없는 명제이다. 우월한 패권국이 제공하는 안정으로부터 다른 국가들은 이득을 얻으면서도, 패권국이 그 자신의 이익을 따라서 현상유지를 지켜나갈 것이기 때문에 여타 국가들은 보호비용에 대한 그들의 '정당한 부담'을 기피하여 왔다. 어쩔 수 없이 '안보'에 중요성을 두지 않을 수 없기 때문에, 내키지 않은 안보비용으로부터 자유로운 여타 국가들은 자원을 경제적으로 생산적인 투자에 투입할 때조차도 패권국은 자신의 민간부문으로부터 자본, 창조력, 그리고 주의력을 돌린다. 이리하여 시간이 지나면 압도적인 패권국의 상대적 경제력이 침식당한다. 경제적 능력, 그리고 나아가 군사적 능력이 약해지는 것처럼 패권의 토대가 되었던 다른 강대국들에 대한 그 자신의 비교우위도 약화된다. 패권국의 쇠락하는 우위는 경쟁 강대국들의 등장을 초래하며, 패권국은 그 지위를 유지하기 위해 좀더 많은 지출이 필요하게 되는데, 이것은 단지 패권국의 비교우위를 더 악화시킬 뿐이다. 그리고 패권국의 상대적 힘이 쇠락함에 따라 패권국이 유지해 왔던 국제적 안정은 흔들리게 되는 것이다"(p.203).

도 말이다. 다른 나라가 생산에 투자하고 있을 때 우리는 돈을 빌려서 상품을 구매하고 있다. 이 과정에서 우리는 점점 더 무역경쟁국들에게 빚을 지고 있다. 그럼에도 불구하고 우리는 그 무역경쟁자들의 이익을 확고히 지켜주겠다고 하고 있는 것이다.

대부분의 국민들에게 국방예산은 미스터리다. 외교정책 엘리트들은 그 내용을 가급적 밝히려 하지 않는다. 국방비 지출이 계속 높은 수준을 유지해 온 것은 애국이라는 명분 때문이기도 하지만 수백만의 일자리가 펜타곤의 업무와 연관되어 있기 때문이기도 하다. 전략가들이 무슨 이론을 들고 나온다 하더라도 지금의 국방예산은 상당 정도는 하나의 고용프로그램이다. 그것은 또 기업, 로비스트, 특수이익집단들에게 수십 억 달러씩을 안겨주는 젖줄이기도 하다. 선거기간중 '새로운 우선순위(new priorities)'를 외쳤던 빌 클린턴조차도 25억 달러짜리 시울프(Sea Wolf) 잠수함과 V-22 tilt-rotor 비행기 생산을 계속하기로 결정했다. 이 두 무기체계는 부시 행정부가 삭감하려 했던 것이다.

냉전시절에는 국방예산의 규모에 대해 질문하는 것을 비애국적인 일로 간주했다. 이런 관습이 아직도 남아 있다. 일반 국민들은 일자리를 잃을까 우려하고 게다가 복잡한 지정학적 논리(geopolitical theories)를 잘 이해할 수 없기 때문에, 전략가들의 주장을 그대로 따랐다. 의회는 특수이익집단의 논리에 따른다. 그리고 백악관은 적을 만들지 말아야 하기 때문에 모든 사람들의 비위를 맞추려 한다.

국방예산은 관습과 전략이라는 두 가지 요인에 의해 결정된다. 그래서 이렇다 할 적이 없으므로 현실에 맞게 예산규모를 줄이자는 주장은 관례를 깨뜨리고 전략에 도전하는 것을 의미한다. 우리가 여전히 그렇게 많은 자원을 국방예산에 쏟아부을 필요가 있느냐고 질문하는 것은 우리가 추구하고 있는 현재의 대외전략이 공산주의 이후의 세계, 즉 경제전쟁의 세계에도 타당한 전략인가를 묻는 것과 같다. 그러나 이 문제를 우리에게 그만한 여유가 있느냐 여부로만 판단해서는 안된다. 사실 경제적으로 볼 때 우리에겐 그만한 여유는 있다. 과거에는 지금보다 GNP의 훨씬 많은 부분을 방위비에 지출했었다. 그리고 지금은 행복하게도 고양이 먹이, 향수, 콜라 등을 소비하는 데 수백 억 달러씩 들어가고 있다. 국가가 정말 위험한 상황에 처해 있다면 꼭 필요한 곳에만 지출해야 할 것이다.

하지만 지금은 위험한 상황이 아니다. 그러므로 우리가 어느 정도, 무엇에 대해 방위해야 하는가라고 묻는 것이 보다 현실적인 질문이다. 이 질문에 답하기 위해서는 먼저 무엇이 우리의 이익인가를 밝혀야 한다. 그리고 나서야 어떤 종류의 외교정책을 우리가 추구해야 할지 판단할 수 있다. 이것을 위해서는 상당량의 지적 작업이 필요하다.

먼저 우리가 가장 중요하게 여기고 있고, 또 가장 많은 돈을 쓰고 있는 유럽에 대해서부터 알아보기로 하자.

4

홀로 서는 유럽

우리가 알다시피 1945년에서 1990년까지 두 초강대국의 지배하에 놓였던 유럽은 냉전의 가장 핵심적 산물이었다. 군대와 이념에 의해 분할된 유럽의 한쪽은 소련의 점령하에 있었고 다른 한쪽은 미국의 보호하에 있었다. 한쪽은 19세기 후반에 출현한 변종 맑시즘의 수렁 속에 빠져 있었고 다른 한쪽은 20세기 후반의 소비주의(consumerism), 대중민주주의(mass democracy)를 선언하고 있었다.

이 두 유럽은 너무 이질적이라서 양립하기조차 어려운 정체성(identity)을 갖고 있었다. 40년의 냉전기간 동안 이들은 서로를 인정하지 않았으며, 고통스러운 역사를 겪었다는 것 외에는 공통점이 거의 없었다.

이 분할된 유럽의 심장부에는 하나의 비정상(anomaly)이 자리잡고 있었다. 과거 유럽의 최대 군사적, 경제적 강대국이 파괴되고 그 폐허 위에 두 개의 나라가 생겼다. 이들 중 어느 하나도 강력한 독자적 정체성을 갖고 있지 못했다. 서로 상대방을 의혹과 불신의 눈으로 보았다. 양측 모두 대립관계에 있는 동맹체계 속에 갇혀 있었다. 동맹의 존재 이유가 바로 이 두 나라를 서로 갈라놓기 위함이었다.

과거 하나의 독일이 있었던 곳에 이제는 '우리의(our)' 독일과 '저들의(their)' 독일이 생겼다. 동쪽에 있는 단조롭고 유순한 모스크바 위성국은 러시아를 미심쩍게 생각하긴 했지만 나라의 존립을 그들에게 의존했다. 서쪽에 있는 독일은 경제적으로는 부유했으나 정치적으로는 발언권이 없는 상태의 나라였다. 이 나라는 국가방위의 문제에 대해서는 워싱턴에, 민주적 유럽공동체의 일원이 되느냐 그렇지 못하느냐의 여부는 파리와 브뤼셀에 의존하고 있었다.

이 분단된 독일은 유럽분할의 결과인 동시에 그것의 상징이었다. 사실 독일 및 다른 유럽의 분할을 초래한 전쟁을 일으켰었던 나라는 독일 자신이었다. 독일의 침공이 없었더라면 소련군이 동유럽에 들어오지 않았을 것이며 철의 장막도 없었을 것이다. 전 유럽을 손아귀에 넣으려 했던 독일이 오히려 자신이 정복하려 했던 동쪽의 강대국에 의해 분할된 것은 역사의 아이러니임과 동시에 특이한 것으로 보아야 할 것이다.

우리는 흔히 이 분할이 다소 자연스럽지 못한 것이긴 하지만 대부분의 유럽인에게―그리고 많은 독일인들에게―잘된 일이라고 말해 왔다. 독일의 분단은 결국 독일이란 나라가 이전의 통제할 수 없는 크기의 나라에서 이제는 적절하게 다룰 수 있을 만큼의 국가가 되었음을 의미한다. 프랑스, 영국, 이태리 등과 비슷한 크기를 갖게 된 새로운 서독은 유럽을 지배할 만큼의 대국(大國)은 아닌 것이다.

이는 모든 독일인이 모여 하나의 국가를 형성한 이래 3/4세기만에 처음으로 이웃나라를 위협하지 못할 정도의 나라가 된 것이다.

독일의 분할에 이어 전후 유럽의 대건설은 시작되었고, 이것은 곧바로 유럽공동시장(the Common Market)에 이어 유럽연합(the European Union)으로 발전되었다. 만일 독일과 유럽이 분할되지 않았었다면(다시 말해 냉전이 없었다면) 아마 이것은 실현되기 어려웠을 것이다. 게다가 미국의 격려와 지지, 대서양동맹에 의한 안전보장이 없었더라면 이는 더더욱 불가능했을 것이다. 미국은 서유럽의 산모(progenitor)임과 동시에 산파(midwife)였다.

냉전은 유럽을 유럽 그 자체로부터 구해냈다. 유럽의 국가들이 함께 조화롭게 살기 어렵다는 것—아니 상호관용조차 하기 어렵다는 것—은 20세기 들어 두 차례의 전쟁이 잘 보여주었다. 이제 이런 유럽이 외부의 보호자에 의존함으로써 함께 살아가지 않을 수 없게 되었다. 유럽(적어도 서유럽)은 의존과 분할을 바탕으로 하여 평온과 민주주의와 번영을 되찾았다. 미국의 헤게모니가 아무리 불만스럽더라도 유럽인들은 이 점에 대해서만은 미국에게 감사해야 한다.

유럽에 대한 우리의 헤게모니는 비교적 부드럽게 행사되는 매우 은혜로운 헤게모니였다. 유럽동맹국들은 안보와 외교의 핵심 사안을 워싱턴에 일임해 버리는 것이 사려깊은 일이라는 것을 알았다. 소련의 침공가능성이 큰 것은 아니지만 미국의 군사적 보증은 안보를 보장해 주었으며 그로 인해 유럽국가들은 국가방위에 수반되는 비용부담과 불편함을 덜 수 있었다.

냉전은 유럽을 진정시킨 반면 미국을 활기차게 만들었다. 냉전은 미국인에게 위협적이고 껄끄러운 적대자를 제공해 주었고, 과거 미국과 어깨를 나란히 했던 국가들을 이제는 미국이 보호해야 하는 상황을 창출했다. 이것은 짐이긴 했지만 어깨를 으쓱할 만한 일이기도 했다. 유럽의 자손이 유럽의 상속자가 된 것이다.

이제 유럽이 부유해지고 좀 방자해지자 우리는 유럽인들에게 가끔 방위비 전액을 부담하지 않는다고 비난하는 경우가 있었다. 그러나 우리의 불평이 별로 먹혀들지 않고 있다. 사실 우리는 그들이 방위비를 우리에게 떠넘기길 바라고 있다. 그것은 안보와 외교문제를 우리에게 의지한다는 것을 의미하기 때문이다.

냉전 초기부터 NATO는, 유럽동맹국의 입장에서는 미국의 유럽지배를 인정하지 않는 것처럼 보이게 하기 위해서, 그리고 미국의 입장에서는 이들 동맹국들이 방위비의 정당한 몫을 분담하지 않는 데 대해 실망하고 있다는 것을 보여주기 위해서 마련된 장치였다. NATO는 양측의 의도에 부합했고 서로를 속일 수가 없었다. 이것이 바로 아무도 인정하고 싶어하진 않겠지만 숨겨진 진실이었다.

냉전과 두 개의 경쟁적 동맹체제로 분열된 유럽은 사실상 유럽을 안정시켜 주는 힘으로 작용했다. 이는 독일의 크기와 힘을 감소시킴으로써 독일로 하여금 유럽지배라는 유혹에 빠지지 않게 했다. 이 곳에 주둔하는 미군은 붉은 군대의 야심이나 독일이 재통일하여 유럽을 혼란에 빠뜨릴 가능성을 방지하는 유럽의 안전보장장치였다.

무엇보다도 냉전은 동유럽내에 있는 동화되지 않는 인종집단간의 반목을 억제해 주는 역할을 하였다. 이 점에 대해 당시에는 정확한 평가를 내리지 못했다. 소련에 대한 두려움과 각국 공산주의 정권의 가혹한 통치로 인해 동유럽은 눈에 띠게 평온을 유지할 수 있었다. 그러나 지금 우리는 그 평온이 아래로부터의 자발적인 억제에 의해서가 아니라 위로부터의 억제 때문이었다는 것도 알게 되었다.

마지막으로 냉전은 핵무기의 관리를 가능케 해 주었다. 우리는 핵악몽 속에 살긴 했지만 핵무정부상태 속에 살고 있지는 않았다. 러시아는 우리와 마찬가지로 자신의 무기를 엄격히 관리했었다.

지금은 구소련이 붕괴되자 핵무기가 인도·파키스탄·중국·이스라엘뿐만 아니라 우크라이나·카자흐스탄·북한에도 있으며, 돈만 많이 주면 누구에게도 팔려 하는 무기암거래상과 국제마피아의 수중에도 있다. 전에 소련의 통제하에 있던 핵무기들이 이제 자유시장화되어가고 있다.

우리는 깡패국가(rogue states)가 그런 무기를 획득하지 못하도록 해 왔다. 그러나 그런 노력은 이제 매우 제한적이게 되었다. 만일 모스크바가 계속해서 이라크의 보호자로서 그리고 이라크의 최대무기공급자로서의 역할을 해왔더라면 사담 후세인의 핵무장 야심을 억제시킬 수는 있었을 것이다.

북한의 경우도 마찬가지이다. 그러나 지금은 야심만만한 이들 지도자들을 통제할 나라가 없다.

구소련의 붕괴와 초강대국의 통제상실로 인해 가장 크게 영향을 받았던 지역은 유럽이다. 1989년 11월 베를린 장벽이 무너졌을 때, 그것과 함께 유럽의 전후구조도 무너졌다. 전 대륙이 갑자기 동쪽으로 쏠렸다. 베를린은 서유럽의 최전방 초소가 아니라 러시아 국경까지 그 규모가 확장된 새로운 유럽의 중심이 되었다.

지리적 전선(戰線)의 변동과 함께 정치적 균형도 심대한 변화를 겪었다. 지금의 유럽방정식(the new Europe Equation)에는 러시아는 물론 미국도 그리 큰 의미를 갖지 않는다. 오히려 독일이 훨씬 더 중요하다. 과거에는 유럽에 관한 주요 결정이 모스크바나 워싱턴에서 이루어지곤 했지만 지금은 브뤼셀에서 결정되는 빈도가 늘어가고 있다. 앞으로는 아마 베를린에서 결정될 가능성이 크다.

두 유럽(동유럽과 서유럽) 사이에 가로놓였던 벽은 두 독일 사이의 벽처럼 물리적 장벽보다는 심리적, 정신적 장벽을 제거하기가 훨씬 어렵다. 수십 년 동안 무뚝뚝하지만 비교적 조용하게 지내오던 동유럽이 점차 공포와 무질서로 가득한 사회로 변해가고 있다.

동구사람들은 그동안 친숙한 그리고 여러 가지 면에서 진정제 역할을 해왔던 권위주의를 쉽게 떨쳐버리지 못하고 있다. 쫓겨난 과거 공산주의 관료들이 이제는 민족주의자로 변신하여 국가에 안정과 번영을 가져다 주겠다고 약속하며 대중의 지지를 얻어가고 있다. 또한 이들은 해묵은 인종적 적대감을 부추김으로써 큰 우려를 자아내고 있다. 동유럽은 수십 년간 서유럽을 극적으로 변모시켰던 민주주의와 부를 경험해 보지 못한 채, 시간의 굴곡 속에 얼어붙어 있다가 본래의 모습으로 재등장하고 있다. 전 지역에 걸쳐서 과거(the past)가 맹렬한 속도로 되돌아오고 있다.

이 문제에 대해 서유럽에서는 동유럽을 서유럽으로 동화시키자는 주장(assimilationalist rhetoric)과 그대로 서유럽의 기득권을 지켜나가자는 주장으로, 다시 말해 개방론과 폐쇄론으로 나누어져 있는데 해결책이 쉽사리 나올 것 같지 않다. (동서유럽 사이의) 장벽을 모두 제거해 버리는 것은, 소화하기 어려울 만큼 한입 가득히 공산동독을 꿀꺽 삼켜버린 서독의 경우처럼 본거지인 서유럽의 사회적 안정이 위협받을 가능성도 있다. 그렇다고 바리케이트를 치는 것도 해결책이 못된다. 왜냐하면 일자리를 찾아 몰려오는 이민들, 인종전쟁으로부터 도망쳐온 피난민들을 따라 불안

요소가 국경을 넘어올 것이기 때문이다.

그렇게 자신만만하게 21세기를 향해 진입해 가던 번영되고 안정된 후기산업사회 서유럽이 지금 갑자기 경제·인구·정치적으로 미해결의 문제를 한보따리 안고 있는 평범한 유럽으로 변하고 있다. 현재로서는 서유럽이 이 도전을 어떻게 헤쳐나갈지 확실치 않다. 유럽은 세계 최강대국의 하나가 될 수 있고 아니면 서로 아웅다웅하는 민족국가의 집합체로 환원될 수도 있다.

미국의 전후 대유럽정책의 조직원리였던 대서양주의(Atlanticism)는 유럽이 군사적, 정치적으로 미국에 의존하는 것을 기초로 하고 있다. 미국의 대유럽관계가 이(대서양주의) 렌즈를 통해 이해되었으며, 미·유럽관계를 다루는 일군의 기구와 사람들은 이것을 지침으로 삼았다. 대서양주의의 중심축인 NATO는 미국이 유럽의 동의와 도움을 받아 동맹국들에게 안전보장을 제공해 주는 도구였다. 유럽분할이 해소되기 어렵고 소련이 계속 비타협적으로 나오고 유럽의 대미의존이 불가피한 NATO는 미국과 유럽 양쪽 모두에게 유익한 기구였다.

그러나 이 조건들이 사라지자 대서양주의는 흔들리기 시작했다. 악의 제국 소련이 가난하고 혼란에 빠진 탄원자로 바뀌자 소련은 유럽에 대해 군사적 위협이 되지 못했다. 가까운 장래에 러시아가 유럽을 위협하는 일은 거의 없을 것이다. 이리하여 미국의 보호를 받을 필요성이 줄어들게 되자 서유럽은 워싱턴의 경제적, 정치적 요구에 더이상 순종하려 하지 않았다. 미국이 여러 무역쟁점에 대해 현저한 양보를 할 수밖에 없었던 1994년의 GATT 협상은 냉전 이후 미국과 동맹국과의 관계 변화를 보여주는 좋은 예이다.

구질서의 종식은 소련의 위협과 같은 기존의 어떤 문제들이 해소되었음을 말해주는 신호이긴 하지만 동시에 다른 문제—일부는 새로 생겨난 것, 일부는 지금까지 억눌려 있었거나 은폐되어 있던 것—를 풀어놓는 결과를 가져오기도 했다.

첫 번째 문제는 하나의 유럽이 출현했다는 사실이다. 하나의 유럽은 경제적으로 미국의 강력한 경쟁상대가 되었을 뿐만 아니라 앞으로는 정치적 라이벌이 될 가능성도 많다. 유럽연합은 이제 미국보다 규모가 더 큰 시장이다. 산업은 미국만큼 생산성이 높고 국민들은 미국만큼 교육수준과 생활수준이 높다. 전에는 군사적 대미의존을 이용해 서유럽으로부터 경제적, 정치적 양보를 받아내곤 했었지만 냉전종식 이후 이 지렛대는 사라졌다. 내일의 유럽은 한 가지 언어를 사용할 수도 있고 여러 개 언어를 쓸 수도 있다. 그러나 영어가 공통언어로 된다할지라도 그 악센트는 미국을 닮지는 않을 것이다.

두 번째로 유럽에 민족주의가 점증하고 있다는 것이다. 이것이 꼭 동유럽에만 한정된 것은 아니지만 가장 심각한 곳은 역시 과거 공산주의가 지배했던 국가들이다. 비록 공산정권의 몰락은 축복할 만한 일이지만 이들 국가 대부분이 근 반세기 동안 권위주의 아래 있었다는 것이 문제가 되고 있다. 그들은 서유럽을 변모시켰던 민주화와 근대화의 힘으로부터 격리되어 있었다. 그로 인해 어떤 곳에서는 공산주의가 새로운 간판을 걸고 다시 권좌로 복귀하고 있는가 하면 다른 지역에서는 우익권위주의와 군부정권이 활개치고 있다. 그리고 이들 나라 대부분이 냉혹한 시장논리에 적응해 나가는 과정에서 실업과 사회불안이 만연되고 있다.

이들 국가들 중 일부는 과거 유고가 그랬듯이 인종적, 지역적 적대감 때문에 국가의 결속 자체가 위협받고 있다. 유럽정치인들이 직면하고 있는 가장 어려운 문제는 이 동구지역을 평화롭고 번영되고 민주적인 서유럽의 일원으로 어떻게 편입시키느냐 하는 것이다. 이 지역은 지금까지 한 번도 평화, 번영, 민주주의와 같은 미덕을 알지 못해왔다. 따라서 이 편입작업은 아마 매우 어려운 일이 될 것이다.

세 번째로 냉전의 종식은 근대 유럽역사에서 늘 제기되어온 이른바 독일문제가 다시 대두됨을 뜻한다. 대서양동맹의 목적은 러시아 곰의 습격을 막고 유럽인들을 개방적인 무역시스템 속에 묶어놓는 것만이 아니었다. 그것은 또한 독일을 포옹과 상호의무라는 그물 속에 가두어 둠으로써 유럽인들을 안심시킨다는 의도도 포함되어 있었다. 미군의 독일주둔은 유럽인들이 볼 때는 강대국 독일에 대한 가장 확실한 브레이크였다.

독일인들은 미소경쟁으로 커다란 이익을 보았다. 그들은 모스크바의 위협으로부터 보호받았고, 미국의 원조를 받아 경제를 재건했으며, 서유럽의 이웃국가들과 화해할 수 있었고, 침략전쟁을 일으킨 지 불과 몇 년만에 다시 재무장을 허락받았다. 그들은 동독에 대한 소련의 장악력이 느슨해지기 시작한 먼 옛날부터 이미 단일 깃발 아래 독일을 통일시킬 수 있는 지렛대를 확보하고 있었다.

분할된 유럽 속에 통일된 독일을 어떻게 위치지울 것인가 하는 이른바 독일문제가 동베를린정권이 갑작스레 무너짐으로써 전면에 등장했다. 통일의 장애물들이 뭐가 뭔지 모르는 사이에 갑자기 사라졌다.

소련의 안보적 이해관계, 일부 유럽 이웃국가들의 우려, 그리고 갑작스런 통일로 인해 야기될 비용과 잘못되지나 않을까 하는 서독 자신의 근심, 이들 중 어느 것도 독일의 통일을 가로막지는 못했다. 독일의 운명을 결정한 것은 두 초강대국의 정상회담이 아니었다. 그것은 러시아의 약화, 그리고 미국의 유화적 태도로 인해 생겨난 기회를 잘 포착한 독일인 자신들이었다.

통일독일이 생겨남으로써 우리는 냉전시대 유럽과는 매우 다른 세계 속에 살고 있다. 독일연방공화국이 서방세계, 즉 미국과 유럽공동시장만을 지향했는 데 비해, 새로운 독일은 경제적, 정치적으로 이렇다 할 경쟁상대가 없는 동쪽으로도 고개를 돌리고 있다. 두 개의 독일이 하나로 통합됨으로써 우리는 이제 과거의 '중유럽(Mitteleuropa)' 개념(정치·경제·문화적으로 독일의 영향권 아래 놓여 있는 동유럽지역)이 다시 출현하고 있음을 목격하고 있다. 체코, 헝가리, 슬로베니아의 경제는 점점 더 독일의 경제와 연계되고 있다. 폴란드, 슬로바키아, 크로아티아, 루마니아는 미국에 대한 멕시코의 관계처럼 독일산업의 저임금작업장(low-wage workshops) 역할을 하게 될 것이다.

독일이 지배하는 동유럽에는 러시아에 대한 특별배려가 있을 것이다. 그러나 옛날의 역할은 뒤바뀌었다. 소련의 대군이 주둔하던 곳에는 동쪽으로 진군하는 독일경제의 엔진이 돌아가게 된 것이다. 러시아와 우크라이나는 아마 노동력, 천연자원, 농업생산물, 그리고 단순기술제품을 제공하는 원료기지 역할을 하게 될 것이다. 러시아와 독일이 원래의 관계를 되찾게 됨으로써 전에 초강대국이었던 러시아가 이제는 경제적 위성국으로 전락할 가능성도 크다.

마지막으로 러시아가 어떻게 새로운 유럽에 적응해 나갈 것인가 하는 점이다. 냉전시대 정치는 러시아의 팽창에 대한 우려에만 배타적으로 초점이 맞추어져 있었다. 그러나 지금은 오히려 러시아가 너무 위축되어 내부폭발을 일으키지 않을까 우려되고 있다. 보리스 옐친과 그의 친서방적 개혁가들이 만일 개혁에 실패할 경우 무정부상태가 초래될 가능성이 크다. 그러면 군부파시즘이 등장할지도 모른다. 러시아의 지나친 약화는 냉전시대와 같은 군사적 도전을 할 수 없게 된다는 이점도 있긴 하지만 평화로운 유럽의 새로운 세력균형을 교란시킴으로써 신생 유럽연합을 군사적 성격의 기구로 바꿔놓을 가능성도 있다.

냉전시절 대립이 첨예화되었던 시기의 미소관계는 같은 병 속에 든 두 마리의 전갈에 비유되기도 했다. 서로가 각자 발작적 자살충동을 일으켜 서로를 독침으로 쏘게 될지도 모른다는 것이었다. 지금 미국과 러시아의 관계는 사슬에 묶인 두 마리의 개라고 표현하는 것이 더 옳을 것이다. 러시아인들은 세계시장에 쉽게 진입하기 위해 우리의 도움을 필요로 하고 있다. 우리 역시 러시아가 서유럽의 새로운 세력균형에서 책임있는 역할을 수행해 주어야 한다는 점에서 그들을 필요로 하고 있다.

러시아가 광적 민족주의자(frenzied nationalist)나 적개심으로 가득찬 장군들의 수중에 넘어가느냐의 여부는 우리의 관심사가 아니다. 우리는 러시아가 내부질서를 유지하고 세계공동체의 일원으로서 응분의 역할을 수행해 주고, 그리고 다원주의와 민주주의에 대해 계속 개방적인 자세를 취해 주기를 바랄 뿐이다. 우리는 2차대전 이후 독일과 일본을 대했던 것처럼 러시아를 대해야 할 것이다. 우리는 우리 자신의 번영을 위해 침략자였던 그들의 번영을 도왔다. 오늘날 세계질서가 안정을 유지하기 위해서는 러시아가 어느 정도 강력해지고 번영해야 할 필요가 있다.

유럽의 세력균형방식에서 러시아는 당분간 주변적 행위자로 머물게 될 것이다. 러시아는 자신의 영토통합과 기본적인 국가이익을 보호하기에 충분한 정도의 힘을 갖고 있지만 냉전시절과 같은 위협세력이 될 수는 없을 것이다.

러시아의 약화, 통일독일의 강화, 그리고 점증하는 동유럽 민족주의는 NATO의 기존논리를 흔들어 놓고 있다. NATO는 본래

대러시아 방어동맹으로 출발했고 지금은 유럽을 유럽으로부터 지키기 위한 동맹으로 성격이 바뀌었다. NATO전략기획가들은 이 동맹의 임무를 '평화유지(peacekeeping)' 동맹으로 재규정하고, 그 관할범위를 옛 소련제국에 속했던 말썽많은 지역에까지 확대하려 하고 있다. 즉 많은 사람들은 동유럽국가들을 회원국으로 가입시킴으로써 NATO의 군사작전수행능력을 유럽 이외의 지역에까지 확대시키길 바라고 있다.

동맹의 목표를 이처럼 확장하는 것은 소련의 팽창봉쇄라는 동맹의 본래 목적이 소멸된 지금의 현실에 맞추어 NATO를 '현실과 부합하는' 동맹으로 만들려는 노력의 일환이다. 동유럽국가들이 확대된 NATO에 가입하기를 바라는 것은 쉽게 이해할 만하다. 동유럽국가들이 NATO에 가입하는 것은 이들 국가들에게 러시아의 부활, 인접국가의 도전, 독일이 다시 호전적 태도를 취할 경우 등과 같은 안보불안을 해소해 줄 것이다.

그러나 이것은 미국이 처음 NATO를 만들 때의 약정은 아니다. 우리는 이웃국가와 분쟁에 휘말린 유럽국가를 도와준다고 약속하지는 않았다. 우리의 의도는 러시아에 대해 허락된 범위를 넘어서서 서쪽으로 영향력을 확대하지 못하도록 경고하는 데 있었고, 결국 이 목표는 달성되었다.

만일 NATO를 더 동쪽으로 확장시킬 경우 어디까지 확장시켜야 하는가? 폴란드와 우크라이나의 국경까지? 우크라이나와 러시아의 국경까지? 아니면 몰도바와 러시아의 국경까지? NATO가

반드시 반러시아적 태도를 취해야 할 이유는 있는가? 이제 막 민주주의 정부가 들어서기 시작했고, 우리 자신을 위해서라도 이 새로운 민주주의 정부를 격려해 주어야 할텐데, 그런 러시아와 대립하는 동맹이 되어야 할 이유는 무엇인가? 아니면 러시아도 NATO에 포함시켜야 하는가? 그럴 경우 이 동맹은 무엇에 대항하기 위해서인가? 만일 모두가 방위동맹이라는 우산 아래 들어간다면 우산 바깥에는 아무도 없지 않은가?

 이것은 두 번째 문제를 제기한다. 만일 방위우산 아래 있는 국가가 서로 다툴 경우는 어떻게 되는가? 유럽의 국경선은 냉전기간 동안에는 단단히 굳어 있었다. 그러나 이제는 그렇지 않다. 베르사이유평화회의의 두 창조물인 체코슬로바키아와 유고슬라비아는 이미 붕괴되었다. 신생국가들 중 보스니아, 마케도니아, 몰도바, 우크라이나, 벨라루스는 모두 그들의 국경선을 다시 그으려 하고 있다. 이 국경분쟁에 NATO가 어떤 명분으로 개입해야 하는가? 침략을 어떻게 정의할 것인가? 만일 모두가 단일인종으로 국가를 구성하려 한다면 과거 소련의 일부였던 이들 신생국가 내부에서 소수집단으로 경멸받으며 살아가고 있는 2,500백만 러시아인들은 어떻게 될 것인가. 루마니아에 살고 있는 160만 헝가리인과 슬로바키아에 살고 있는 50만 헝가리인들은 또한 어떻게 될 것인가? 이들 소수인종들이 자기 동포들이 살고 있는 국가와 결합될 수 있도록 국경선을 다시 긋자는 말이 나오지는 않을까? 이것은 침략이 아닌가? 그럴 경우 NATO는 여기에 개입해야 하는가? 구조하러 간다면 누구의 편을 들 것인가? 불안정한 국경선이라는 문제는 지금까지 NATO전략가들이 한 번도 생각해 보지 않은 보다 큰 문제의 한 부분이다. 그 문제는 바로 국경 내부에서 발생하는 분쟁(aggression within borders)이다. 인종분규는 과거 유고지역에만 한정된 것이 아니며 이미 다른 곳으로 확산될 조짐이 보이고 있다. 이 인종분규에 대해 유럽인들은 누가 옳고 누가 잘못인지 판단하기가 쉽지 않다. 보스니아내전이나 그리스와 마케도니아 사이의 전쟁 등이 이런 점을 잘 보여주고 있다.

이 모든 것들은 미국정책결정자들에게 딜레마를 안겨준다. 미국은 NATO가 계속 존속되길 바라고 있다. NATO는 미국에게 유럽내에서의 군사적, 정치적 역할을 제공해 준다. 그리고 미국은 유럽인들이 자기 자신의 문제를 스스로 처리할 수 있을지에 대해 확신하지 못하고 있다. 그렇다고 해서 말 안 듣는 유럽국가들을 통제할 수 있는 경찰기구를 만드는 것도 좋은 대안은 아니다.

동유럽국가들 그리고 아마도 러시아까지도 2차적 연합세력(second tier of association)으로 편입시키자는 '평화를 위한 파트너쉽(Partnership for Peace)' 정책은 NATO의 공식회원국 가입범위를 확대시키자는 압력을 완화시킬 목적으로 마련된 계획이다. 그러나 그것은 NATO와 미국과의 관계재정립에 수반된 문제들을 해결해 주지는 않는다.

우리는 조약에 명시된대로 NATO동맹국들에 대한 모든 공격을 미국 자체에 대한 공격으로 간주해야 하는가? 예를 들면 헝가리와 슬로바키아 사이의 국경전쟁도 여기에 포함되는가? 최근까지 구소련의 일부였고, 구소련이 '이웃'이라고 부르고 있는 신생국가들의 경우는 어떠한가?

보다 근본적으로는 세계정치상의 변화로 인해 NATO의 조직논리가 시대에 뒤떨어져 버렸다는 데 문제가 있다. 우리가 서유럽을 구소련으로부터 방어하고 있을 때 이 동맹을 유지하는 데 드는 비용이 연간 1,000억 달러 이상이었다. 적이 없어진 지금에도 이 기구를 유지하는 데 드는 비용은 이전과 거의 비슷하다. 이같은 방위기구를 그대로 존속시키자고 주장하려면 먼저 정치현실에 보다 확고히 입각해서 논리를 펴야 한다.

결국 미국은 유럽의 평화유지자 역할을 마감해야 할 것이다. 이 역할은 우리 형편상 비용이 너무 많이 들고 그래서 납세자로부터 지지를 획득하기 어렵다. 유고내전에 개입하길 꺼려한다는 것은 뻔한 일이다. 유럽인들을 러시아나 다른 패권국가로부터는 방어해 주어야 하지만, 그들 상호간의 인종전쟁으로부터는 보호해줄 수 없다. 이미 시대에 뒤떨어진 방위종속상태를 계속 유지시키려 하는 것은—통제력 상실을 우려해서든, 유럽인들이 스스로 자기문제를 처리할 능력이 없다고 믿기 때문이든—유럽에게도 도움이 되지 않고 우리에게도 이익이 되지 않는다. 유럽인들은 스스로 책임지지 않으면 안될 때까지는 책임감 있게 행동하지 않을 것이다. 그들은 자신들의 문제를 처리할 수단들을 갖고 있긴 하지만 유럽인들이 결여하고 있는 것은 그렇게 하고자 하는 의지이며, 지금까지는 그들은 그 의지를 강화시켜야 할 필요성을 별로 갖지 못해 왔다.

대서양주의가 한창일 때는 자립적 유럽(self-reliant Europe)이라는 개념은 환상처럼 여겨졌다. 드골 장군이 '대서양에서 우랄산맥까지'라는 유럽공동체 건설비전을 제시했을 때 사람들은 그것을 비현실적이고 게다가 반미적인 발상이라고 비난했다. 그러나 지금 그것은 실현가능할 뿐만 아니라 필요하기도 하며, 우리가 점점 더 많은 사회·경제적 문제에 직면하고 있기 때문에 스스로 책임지는 유럽으로 만들자는 주장을 퉁명스럽게 거부하기보다는 환영해야 할 것이다.

보다 확장된 이 실체를 우리는 여러 가지 이름으로, 즉 유럽방위공동체(European Defense Community), 유럽협조체제(Concert of Europe) 혹은 그냥 NATO라고도 부를 수 있다. 그러나 어떤 이름을 붙이든간에 그것은 (우리의 필요성 그리고 유럽의 현실을 감안할 때) 유럽인들간의 동맹이 되어야 한다. 이제 미국이 유럽의 방위에 책임을 져야 한다는 생각은 냉전시대의 유물일 뿐이다. 그런 발상은 오히려 의존하는 즐거움에 물든 유럽인들이나 점차 사라져가는 권위의 고삐를 놓기 싫어하는 미국인들의 마음 속에 여전히 남아 있다.

우리는 유럽 속에, 유럽과 일치되는, 어떤 경우는 유럽과 배치되는 이해관계를 갖고 있다. 그러므로 우리는 좀더 넓은 시야에서 냉정하게 행동해야 한다. 우리는 유럽을 더이상 의존자 혹은 더 나아가 우리의 동맹국으로 보아서는 안되며, 무역파트너, 경제적 경쟁상대, 그리고 어떤 경우는 라이벌로 생각해야 할 것이다.

NATO를 통해 미국이 계속 유럽의 후견인 노릇을 할 수 있다고 믿고 있는 사람이 있다면 환상에서 깨어나야 한다. 우리의 전략가들은 아마 우리만이 유럽을 평화롭게 할 수 있는 지혜를 갖고 있으며, 유럽인들로부터도 그렇게 할 수 있는 전권을 위임받았다고 생각할지 모른다. 그러나 이 세계는 그렇게 단순하게 돌아가지 않는다.

유럽은 급속히 변모되고 있다. 유럽은 한편으로는 보다 개방적·민주적·상호의존적·공동체적 사회로 변모되어 가고 있는가 하면, 다른 한편으로는 민족주의, 인종 및 종교적 불관용과 같은 과거의 망령들과 싸우고 있다.

앞으로 수년 안에 유럽은 여러 가지 시련을 통해 자신의 인내력과 정치적 응집력을 시험받게 될 것이다. 그 시련이란 민족주의, 민족갈등, 인종주의, 이민, 경제적 곤경 등을 말한다. 우리는 유럽인들이 이러한 시련을 극복하고 평화롭게 더 높은 수준의 협력을 향해 나아가도록 바라야 한다.

미국은 아시아 국가가 아닌 만큼이나 유럽국가도 아니다. 미국은 대서양 국가임과 동시에 태평양 국가이다. 금세기 말에 벌어진 두 번의 유럽전쟁 및 냉전 기간 중, 우리 목표는 항상 어떤 단일국가(특히 호전적이고 전체주의적인 국가)가 대륙을 장악하지 못하도록 막는 데 있었다. 이 목표가 여전히 유효하긴 하지만 지금 유럽은 이런 문제에 직면해 있지 않다.

유럽은 더이상 미국문명의 유일한 요람도 아니고, 더이상 가장 활력있는 무역파트너도 아니며, 더이상 역사적 관계 때문에 미국이 책임을 져야 하는 지역도 아니다. 냉전은 독특한 성격을 지닌 동맹을 낳게 했다. 그리고 냉전의 종식은－세계경제 변화 및 미국의 필요성 변화와 함께－이 동맹을 계속 유지시켜야 할 이유를 약화시켰다. 우리는 깨진 병에 계속 새 포도주를 부어넣는 옛날의 포도주 상인꼴이 되어서는 안된다.

5

미래의 질서

미국인들 머리 속에는 낙관적 사고방식이 뿌리깊이 박혀 있다. 우리는 전쟁이나 갈등을 일종의 일탈로 본다. 그래서 침략자를 격퇴시키는 일이 끝나면 세계가 다시 평화라는 정상상태로 되돌아갈 것이라고 믿고 있다.

이것이 이번 세기 큰 전쟁들이 끝났을 때마다 우리가 취했던 태도이다. 그러나 우리는 그때마다 그런 기대가 환상임을 깨닫곤 했다. 1918년 독일제국을 상대로 승리한 후 우리는 유럽의 정치가들은 우리가 상대하기엔 너무 천박하다고 판단하고는 다시 고립주의로 되돌아갔다. 1945년 나치독일과 일본을 상대로 승리한 후 우리는 '반역자(traitors)'를 찾느라 온 사회를 발칵 뒤짚어 놓았다. 반역자들이 있었기 때문에 국가간 보편적 조화라는 우리의 꿈은 실패했다고 믿었다.

이제 1990년 우리의 적대자가 몰락하고 공산주의가 이데올로기로서의 가치를 상실한 이후 우리는 또 다시 대망의 평화와 정의가 실현되는 지상천국으로 인도할 성배(the holy grail)를 찾아나섰다.

조지 부시는 이 정신에 입각하여 쿠웨이트 해방전쟁을 지원키로 결정하고는, 국제공동체가 하나되어 침략행위를 처벌할 수 있는 '새로운 세계질서(new world order)'를 수립하자고 주장했다. "새로운 세계질서란 여러 나라들이 인류의 보편적 열망인 평화, 안전, 자유, 법칙을 함께 추구해 나가는" 질서를 말하는데, 미국이 이 새로운 세계질서를 이끌어가야 한다는 것이다.[1]

값비싼 전쟁을 치르는 일에 여론의 지지를 확보해야 할 필요성을 느낀 부시는 고의로 미국인들의 마음 속 깊이 뿌리박혀 있는 이상주의를 자극했던 것이다. 영감을 불러일으키는 윌슨적 어구를 사용하면서, 부시는 국제사회가 미국의 지도 아래 단합하여 민주주의를 방어하고 모든 국가의 독립을 지켜나갈 것을 약속하자고 제안했다. 그리고 이 새로운 세계질서를 지키는 수단은 '세계유일의 초강대국(sole superpower)'(이것은 조지 부시의 표현이다)의 함대가 될 것이다.

이라크에 대한 신속하고도 압도적인 미국의 승리는 일종의 상승풍조(triumphalism)를 낳았다. 정책결정자들과 칼럼니스트들은 미국이 이제 어느 곳에서든 마음대로 행동할 수 있음을 장담했

---

1. George Bush, State of the Union address, Jan. 29, 1991, *New York Times*, Jan. 30, 1991, p.A12.

다. 소련이 사라진 지금 우리는 침략자에 대해 마음대로 개입할 수 있는 행동의 자유와 도덕적 정당성 두 가지를 모두 갖게 되었다. 미국으로서는 이때가 절정기였다.

그러나 얼마 지나지 않아 걸프전이 당시에 생각했던 것처럼 대단한 역사적 전환점이 아니었음이 드러났다. 쿠웨이트 왕과 그 시종들은 사담 후세인이 바그다드로 돌아감에 따라 쿠웨이트로 되돌아왔다. 사우디아라비아의 왕위는 여전히 취약한 상태이며 우리는 여전히 외국산 석유에 의존하고 있다. 그리고 걸프만 국가뿐만 아니라 북아프리카, 중동 그리고 중앙아시아 국가들에 이르기까지 이란식 근본주의 운동의 표적이 되고 있다.

걸프전이 '새로운 세계질서'를 가져올 것이라는 믿음은 다음 몇 가지 가정에 기초해 있었다.

- 미래의 평화교란 행위는 그 옳고 그름을 쉽게 분간할 수 있을 것이다. 그리고 미래의 평화교란자는 사담 후세인과 같은 명백한 악당일 것이다.
- 1,500억 달러 이상이 소요된 이 값비싼 작전뿐만 아니라, 미래의 전쟁에 대해서도 미국의 무역상대국들은 계속 전비를 분담해 줄 것이다.
- 지역패권을 추구하는 폭군을 상대로 한 전쟁이 앞으로도 마찬가지로 신속하게 그리고 미군의 큰 희생 없이 승리하게 될 것이며, 따라서 국민들로부터 항상 지지를 받게 될 것이다.
- 석유와 같은 핵심적 상품이 관련되어 있지 않은 전쟁에 대해서도 앞으로 국제동맹이 결성되고 공개적 지지가 표명될 것이다.
- 미래에도 UN은 미국의 일방적 주도로 진행되는 군사적 행동에 대해 쉽게 승인해 줄 것이다.

이러한 가정들은 모두 문제가 있다.

첫째, 대부분의 침공이 모두 이라크의 경우처럼 노골적으로 이루어지는 것은 아니다. 또 주요 지역 강대국들은 대개 자기의 지원세력을 끌어모을 수 있다.

둘째, 우리의 무역파트너들은 그들의 이익에 부합될 때만 우리의 지도에 따르고 전비를 부담할 것이다. 일본과 독일은 압력에 의해 걸프전에서 수십 억 달러씩을 기부했지만 계속 그처럼 고분고분 따르기만 하지 않을 것은 명백하다.

이라크전쟁은 최신 장비를 갖춘 미국의 무적군(knockout)이 치르기 좋은 정규전이었다. 정신무장이 잘되고 참호 속에 숨은 게릴라군과의 싸움이었다면 이야기는 아마 달라졌을 것이다. 펜타곤이 보스니아전쟁에 끌려 들어가지 않으려고 극구 노력했던 이유도 바로 이 게릴라전을 우려했기 때문이다.

더욱이 걸프전은 산업국가들이 깊이 관심을 갖고 있는 석유가 관련되어 있는 특수한 경우에 속한다. 의회가 이 전쟁을 지지한 것도 쿠웨이트 왕가가 모욕을 당한 데 대해 분개해서가 아니라 석유가격의 상승을 우려했기 때문이었다. 빌 클린턴이 보스니아에 개입할 생각을 버린 것은 기분과 경제적 이해관계가 별개의 문제임을 알았기 때문이다.

끝으로 UN이 미국의 개입을 승인해준 것은 회원국들이 모두 폭군을 싫어하고 침략에 충격을 받았기 때문이 아니라 그렇게 하는 것이 자신들의 이익에 부합된다고 믿었기 때문이었다. 과거

이라크의 후원자였던 러시아가 거부권을 행사하지 않은 이유는 러시아로서는 경제원조가 절실했는데 그 원조를 유럽국가들로부터 얻고 있었기 때문이었다.

특히 앞으로 문제가 되는 것은 UN과 UN의 '평화유지(peace keeping)' 혹은 '평화창출(peace making)' 능력강화와 관련된 가정들이다. 미국관리들 대부분은 최근까지도 UN을 귀찮고 간섭 잘하는, 현실과 부합되지 않는 조직이라고 비난해 왔다. 그런데 냉전의 종식이 UN의 수명을 늘려 주었다.

미국이 일방적인 군사개입을 꺼려할 경우, UN은 유용한 대안이 될 수 있다. 사실 UN은 국제적 공동보조 없이는 참가하기를 꺼려 하거나, 결과에 대해 책임지고 싶어하지 않는 사안에 대해서, 회원국들의 참여를 유도할 수 있는 좋은 매개체가 되어 왔다. 냉전시대에 UN은 단지 토론의 광장에 지나지 않았다. 큰 나라들은 서로 설교하기 바빴고, 작은 나라들은 매수되거나 협박당하여 자신의 표를 들고 충성스럽게 줄을 섰었다. 한편 제3세계 독재국가들은 반식민주의라는 이름 아래 결속했으며, 국제테러리즘 방지문제가 거론될 때마다 항상 그것을 '유태주의적 제국주의(Zionist imperialism)'라고 비난해 왔다.

UN은 행동반경을 계속 넓히긴 했으나 그 조직구조는 항상 그대로였다. UN은 크게 신뢰받고 있는 기구는 아니다. 회원국들 다수가 민주주의 확산보다는 권력을 독점하는 데에 더 큰 관심을 갖고 있는 권위주의자들에 의해 통치되고 있었다. 회원국 중 대다수는 자신의 이름으로 취해지는 UN의 군사행동에 대해 비용을 대거나 그 결과에 대해 책임을 지지 않는다.

UN은 세계정부로도, 인류의 집단양심으로도 만들어지지 않았다. 오히려 그것은 흥정이 이루어지고 이익을 추구하는 하나의 시장(marketplace)이다. 이런 점에서 UN은 현자(賢者)의 모임이라기보다는 시정자문기구(city council)와 유사하다. 힘을 가졌거나 돈을 가졌거나 아니면 다른 유인요소를 갖고 있는 국가들이 대개 표결의 결과를 좌우할 수 있다.

다른 조직들과 마찬가지로 UN도 어떤 규칙에 기초해 있다. 이 규칙들 중 가장 기본적인 것은 국가간 국경선의 불가침성이다. 사담 후세인에 맞서 많은 국가들의 지지를 이끌어낼 수 있었던 것은 후세인이 나빠서라거나, 쿠르트족이나, 시아파, 민주주의 세력을 박해해서가 아니라 그가 다른 나라를 침공했기 때문이었다. 모든 나라들이 마음 속 깊이 존중하는 원칙이 하나 있다면 그것은 바로 국경선 불가침의 원리일 것이다.

하지만 강대국들은 유감스럽게도 자신이 동의한 규칙이거나 다른 강대국에 의해 강요받는 규칙에 의해서만 구속받는다. 그 예로 국제사법재판소에 제소당한 미국의 최근 사례를 살펴보기만 해도 충분하다. 친공산주의 산디니스트가 니카라과를 장악하자 파업행위 사주와 콘트라 반군에 대한 원조 등 정부전복음모를 지원했다는 이유로 미국정부를 국제사법재판소에 제소했다.

재판소는 적법한 절차에 따라 니카라과의 승소를 판결했다. 레이건 행정부는 국제사법재판소의 판결을 편견에 의한 것이라 비난하고 그 결정에 따르기를 거부했다—국제사법재판소는 바로 몇 년 전에 이란이 테헤란주재 미국대사를 인질로 붙잡는 것에 대해 미국이 제소했을 때 만장일치로 미국의 주장을 인정해 주었다—. 그러나 어느 국가도 미국을 국제재판소의 결정에 따르도록 강요하는 결의안을 제안하지 않았다. 이것이 강자의 특권이다.

우리의 UN에 대한 지지도는 UN이 우리에게 도움을 주느냐 아니면 방해하느냐에 따라 정확히 상승하기도 하고 하강하기도 한다. UN에 대한 지지도는 걸프전 기간중에 최고조에 달했다. 이때 UN이 결과적으로 백악관의 지시대로 움직였기 때문이다. 우리의 결정이 안전보장이사회의 결정을 대표했다. 그렇게 함으로써 몇몇 동맹국의 지원이 있었으나 본질적으로는 미국의 단독군사행동이라고 할 수 있는 걸프전을 국제적 공동행위로 여기게 하는 효과를 낳았다.

그러나 석유와 같은 핵심적 이해관계가 없거나, 군사작전이 순조롭게 진행되지 않거나, '외과수술적 타격(surgical strikes)'만 가하려고 했던 것이 융단폭격으로 바뀌거나, 예상했던 조기승리를 얻지 못하고 전황이 교착상태에 빠져 비용만 많이 들어갈 경우에, 지지는 사라진다. 클린턴 대통령이 UN의 소말리아 구조작전을 처음에는 지원하다가 사상자가 생기기 시작하자 재빨리 물러나 버린 것도 이 때문이다. 뉴욕의 UN본부 연단에서 그는 "미국 국민이 UN의 평화유지활동에 대해 찬성하긴 하지만, 반대할 때도 있다는 것을 UN은 알아야 한다”고 말했다.[2] 그는 아마 안전보장이사회에서 거부권을 행사하기만 하면 ‘노(No)’라고 말할 수 있음을 잊고 있었던 것 같다.

모든 나라들은 스스로 할 수 없는 일, 남들이 좋아하지 않는 일을 UN에 떠맡기려 해왔다. 이것은 심각한 문제를 야기한다. 냉전 이후 세계는 행위규칙이나 이 규칙들을 뒷받침할 만한 무력수단을 어떻게 확보할 것이냐에 대해 국제적 합의가 이루어져 있지 않다. 어떤 단일국가, ‘유일한 초강대국’인 미국조차도 일방적으로 국제분쟁을 해결할 수 있는 권위를 갖고 있지 않다. 또 사실 거기에 드는 비용을 지불할 의사도 없다.

걸프전은 미국이 주도하고 UN이 뒷받침하는 ‘새로운 세계질서’가 수립될지 모른다는 기대를 갖게 했지만, 이것이 미래의 모델이 될 가능성은 별로 없다. 국제사회의 형성이라는 생각은 아직 현실(reality)이라기보다는 바람(aspiration)의 수준에 머물러 있다.

UN은 상호갈등을 일으킬 가능성이 있는 국가들간의 문제를 다루기 위해 설립되었다. 이 목적을 위한 기구로 아직까지는 UN이 최선의 기구이다. 우리는 민족국가가 그 힘과 명분을 강화시킬 수 있었던 이유가 냉전으로 인한 국제질서의 인위적 안정성 때문이었음을 알게 되었다. 이제 세계경제체제는 더욱 복잡해져가는 반면 정치체계는 보다 원시적 모습으로 되돌아가고 있다.

보스니아, 캄보디아, 소말리아, 르완다에서 벌어지고 있는 내전

2. Cliton, "address to the United Nations," Sept. 27, 1993.

은 세계정치가 국가간 전쟁에서 국가내 전쟁으로 바뀌고 있음을 잘 보여주고 있다. UN은 매년 30억 달러를 들여가며 이들 지역에서 활동을 벌이고 있다. 그러나 이같은 노력에도 불구하고 UN은 부족분쟁, 인종분규, 조직적 정부전복, 만인에 대한 만인의 투쟁(war of all against all)의 풍조를 통제하기는커녕 상황에 맞게 대처해 나가지도 못하고 있다.

이런 전쟁들 때문이건, 아니면 국경선을 알지도 못하고 존중도 하지 않는 세계경제시스템의 특성 때문이건간에, 근대국가체계 자체가 지금 침식당하고 있다. 오늘날 '세계질서'라는 유토피아적 개념을 들먹이는 우리의 정치레토릭과 인종적, 지역적으로 분열되어 가고 있는 혼란스러운 세계의 현실 사이에는 심각한 괴리가 존재한다. 앞으로 20년 후 어느 나라가 현재의 국경선을 그대로 유지하게 될지, 혹은 어느 나라가 내전을 피해 나갈 수 있을지를 예측한다는 것은 무모한 일이다. 미국이 그러한 변화 혹은 갈등을 용납하지 않겠다고 선언한다면 그것은 훨씬 더 무모한 일이 될 것이다.

산업국가의 정책결정자들은 하나로 통합된 경제, 세계화된 시장, 자유로운 통화결제가 가능한 세계 속에 살고 있다. 그들에게 국경과 인종집단은 별 의미가 없거나 기껏해야 귀찮은 장애물일 뿐이다. 이처럼 다국적 세계 속에 살고 있는 사람들은 개별국가에 대한 충성과 같은 개념은 낡은 시대착오적 사고방식으로 여긴다. 보편적 주제, 전세계적 시각에서의 문제인식 등이 그들을 이끌고 있다.

그러나 이들 다국적주의자(multinationals universe)들의 번쩍거리는 사무실 빌딩 바깥에는 수많은 행성이 각기 다른 방향으로 돌아가고 있다. '타자(the other)'에 대한 두려움, 생존을 위한 투쟁이 길거리를 헤매고 있는 이들을 지배하고 있다. 냉전기간중에는 전체주의 사회를 묘사한 『1984년』이 미래사회에 대한 가장 일반적인 메타포였다. 지금은 『블레이드 러너(*Blade Runner*)』속에 나오는 조합경찰국가(the corporate police state)나 『로드 워리어(*The Road Warrior*)』에서 그려진 홉스적 정글로 바뀌고 있다.

"새로운 세계질서(new world order)" 개념은 이상주의와 함께 우드로 윌슨의 수사적 표현 속에 들어 있었다. 우리가 갖고 있는 꿈을 누구보다도 열렬히 옹호했던 그는 "기필코 세계를 자유롭게 만들겠다"는 거창한 목표를 선언하고 1917년 유럽전쟁에 개입했다. 윌슨은 미래에 대해 비전뿐만 아니라 구체적 계획도 갖고 있었다. 그 계획 중 일부는, 만일 모든 국가가 어떤 국제기구에 가입한 후 사전에 침략하는 국가에 대해 다른 국가들이 힘을 합쳐 저지하기로 합의한다면 악당국가에 의한 침략행위는 둔화되거나 예방될 수 있다는 믿음에 근거해 있다. 국제연맹 및 그 뒤를 이은 국제연합은 모두 윌슨의 이 '집단안전보장(collective security)' 논리에 입각해 태동된 것이다.

그는 또 소수인종, 소수종교집단이 자신의 독립국가를 세울 권리를 갖고 있다고 믿었으며, 그렇게 되면 국제분쟁이 줄어들 것으로 생각했다. 이것이 바로 '민족자결주의(self-determination)'이다.

이 집단안전보장과 민족자결이라는 두 개의 윌슨주의 원칙은 1차대전, 2차대전, 그리고 냉전 등 금세기 주요전쟁이 끝났을 때마다 다시 거론되곤 했다. 윌슨은 1919년 국제연맹 창설을 입안했다. 2차대전 이후 미국의 도움으로 다시 국제연합이 조직되었지만 이 기구는 미소간의 선전포고 없는 전쟁에 대해서는 적합치 않았다.

이 윌슨주의 원칙이 냉전종식 이후 또 다시 '새로운 세계질서'의 구성원리로 거론되고 있다. 세계 각국 정치지도자들 모두가 이 원칙에 찬성을 표하고 있다. 사람들은 이 원칙들을 내세우며 싸우고 있다. 그러나 이것이 무엇을 의미하며, 어떤 식으로 적용될 수 있을지에 대해서는 사실 많은 견해 차이가 있다. 해방을 추구한다는 것도 다른 관점에서 본다면 일종의 분리운동이다. 집단행동은 다수자의 양심(the conscience of the majority)의 표현일 수도 있지만, 다수자의 횡포(the tyranny of the majority)일 수도 있다.

먼저 집단안전보장 개념에 대해 검토해 보자. 집단안전보장은 NATO와 같은 대규모 군사기구나 UN과 같은 대규모 정치기구의 권위 아래 다수국가들이 힘을 합쳐 침략자를 처벌하는 것을 말한다. 이 개념은 어떤 사안이 발생했을 경우 어느 나라가 침략자이고 어느 나라가 피해자인지에 대해 회원국들이 쉽게 의견일치를 볼 수 있을 것으로 가정하고 있다. 이렇게 된다면 정의를 지키고 처벌을 내리는 일이 가능할 것이다. 호전적 국가들은 다른 나라를 침공할 경우 세계공동체의 무력대응에 직면할 것임을 알고는 침략을 억제하게 될 것으로 판단했다.

이 집단안전보장 구상은 이상주의적 발상이라 하여 별로 좋은 평가를 받지 못하다가 최근 다시 유행되고 있는데, 현재 미국이 처한 상황에 꼭 맞는 정책이라 할 수 있다. 집단안보체제하에서는 한 초강대국이 현안을 정하여 다른 나라를 실행의 대리자로 지목할 수도 있다. 보편적 민주주의, 민족자결주의 등과 함께 이 정책은 뿌리깊은 미국의 정치전통에서 비롯된 것이긴 하지만, 그러나 전제군주조차도 이 정책에는 지지를 보낼 수 있다. 왜냐하면 그것은 국경선의 원상보존을 기본정신으로 삼고 있기 때문이다.

하지만 이 정책의 논리를 그대로 인정한다 할지라도 여기에는 많은 문제점이 있다. 집단안보의 논리에 의하면 어떤 한 지역에 대한 침공은 세계 다른 모든 지역의 평화에 대한 위협으로 간주한다는 것이다. 이것은 '세계평화'와 같은 것이 실제로 존재함을 전제로 하고 있다. 하지만 세계평화란 막연한 일종의 수사적 표현일 뿐이며, 윌슨이 비판받은 것도 이 때문이다.

또 다른 전시대통령인 해리 트루만(Harry Truman)도 이와 유사한 말을 한 적이 있다. 1947년 그리스에서 공산주의 반란이 일어나자 이에 대한 미국의 진압계획을 제시하면서 "자유시민에게 강요되고 있는 전제주의 정권은 직접적으로든 간접적으로든 국제평화를 해치며, 따라서 미국의 안보를 약화시킨다"라고 말했다. 국제평화를 자연스런 상태로 보는 사고방식, 그리고 미국의 안보가 세계평화에 달려 있다는 주장은 이치에 맞지 않는 말임이 명백하다. 그러나 자신의 경제적, 군사적 원조계획에 대한 의회의 지지를 끌어내는 데는 유용했다.

몇 년 후 그는 같은 말을 되풀이했다. 한국전쟁에 참여하기로 결정하면서 그는 "만일 역사가 우리에게 가르쳐 준 것이 있다면 그것은 세계 어느 지역에서 발생하는 침략이든 그것은 세계 모든 지역의 평화에 대한 위협이 된다는 것이다"[3]라고 말했다.

사실 역사가 우리에게 가르쳐 준 것은 단 한 가지뿐이다. 평화는 부분적이며 항상 그래왔다는 것이다. 이라크는 이란과 싸웠지만 터키와는 싸우지 않았다. 한국인들끼리 싸우긴 했어도 중국과 싸우지는 않았다. 대부분의 전쟁은 국지전이다. 그렇지 않았다면 모든 국경분쟁이 세계전쟁을 유발시켰을 것이다.

(세계평화와 같은) 거창한 보편적 개념이 안고 있는 위험은 현실세계의 실상을 모호하게 만든다는 것이다. 그것은 모든 분쟁을 선과 악의 투쟁으로 묘사하고, 모든 개입을 인류를 구제하기 위한 십자군으로 만든다. 대부분 세속적인 원인을 갖고 있는 국가 간의 분쟁은 항상 도덕적 명분을 내세운다. 도덕적인 논쟁을 일으키는 외교정책은 이러한 명분을 통해 가장 비도덕적 행위들도 실행가능하게 만든다.

만일 어떤 나라의 적이 절대적으로 악하다면(정의상으로 적은

---

3. Truman(1947) cited in Thomas G. Paterson: *Major Problems in American Foreign Policy*, vol. 2: *Since 1914*(Lexington: D.C. Heath, 1989), p.298; Truman(1951), p.408.

항상 악하다), 적을 상대로 사용되는 수단은 무엇이든 도덕적으로 정당화된다. 만일 모든 침공이 인류에 대한 범죄라면 타협의 여지는 없다. 그러나 그처럼 절대적으로 악한 범죄란 별로 많지 않다. 침략자가 모두 히틀러는 아니며, 모든 전쟁이 2차대전은 아닌 것이다.

집단안전보장은 전쟁에의 의존가능성을 줄여주기보다는 더욱 높여준다. 왜냐하면 국지적 분쟁을 지역전쟁으로, 더 나아가 세계전쟁으로 확대시키기 때문이다. 어느 지역에 대한 공격이 항상 세계 여러 지역의 평화에 대한 위협이 된다면, 이같은 전쟁확대현상은 논리적으로 불가피하다. 그것은 일종의 자기충족예언(self-fulfilling prophecy)이다. 하지만 한 약소국에 대해 강대국들이 연합해서 군사행동을 한다는 것은 만일 그것이 만장일치로 합의되었다는 이유만으로 도덕적으로 정당화될 수는 없다. 도덕성은 일반적으로 다수결에 의해 정해지는 것이 아니기 때문이다.

집단안전보장은 강대국에게 유리하다. 왜냐하면 강대국을 상대로 한 응징이 결정되는 경우란 극히 드물기 때문이다. 주요 강대국들은 안전보장이사회에 거부권을 갖고 있기도 하다. 그러나 집단안전보장적 조치가 가장 요구되는 대상은 바로 이들 강대국이다. 소말리아나 세르비아와 같은 국가를 처벌하기 위해 세계 모든 강대국들이 힘을 합칠 필요는 거의 없다.

침략자를 군사적 행동을 통해 응징하는 것을 원칙으로 삼는다면 집단안보의 원칙은 우리로 하여금 세계 모든 곳에서 발생하는 전쟁에 개입하게 만들 것이다. 미국은 최근 이 원칙에 의거하여 소말리아, 세르비아, 하이티 등 세 개 대륙에서 군사적 조치를 취하거나 군사행동에 가담하겠다고 위협하고 있다. 소말리아에서 우리는 군벌들(warlords)과 다투고 있고, 세르비아에서는 내전에 개입하고 있으며, 하이티에서는 집권정권이 우리에게 너무 공격적이라고 규정했다.

이 세 가지 경우 중 미국이 치명적 이해관계를 갖고 있는 곳은 어느 곳도 없다. 냉전은 비록 비합리적인 측면을 많이 갖고 있긴 했지만 군사·경제·정치적 쟁점들은 현실에 입각해 있었다. 냉전이 물러난 지금 우리는 현실적 쟁점이 아닌 미덕(virtue)을 이유로 분쟁에 개입하려 하고 있다. 이런 것들은 개인에게는 바람직할지는 모르나 국가에 대해서는 알맞지 않은 기준들이다. 도덕이란 이름 아래 끝없는 '평화를 위한 전쟁(war for peace)'의 수렁 속으로 빠져들거나, 아니면 위선과 공허한 말장난이 될 뿐이다.

이 점을 날카롭게 지적한 사람이 데이비드 헨드릭슨(David C. Henrickson)이다. "현재와 과거와 다른 점이 있다면 그것은 '지구의 완전한 평화(Pax Universalis),' 그리고 '세계 모든 나라의 자유민주주의국가화'라는 두 개의 목표를 역사적으로 실현가능한 이상이라 보고 우리에게 그 이상을 끊임없이 추구해 나가야 할 의무가 있다고 믿고 있다는 점이다. 지금까지 한 번도 실현된 적이 없는 목표를 소망함으로써 우리는 미래에 대한 목가적인 비전(idyllic vision)과 쓰라린 현실(a depressing reality) 사이의 간격으로 인해 운명적으로 실망하게 될 것이다."[4]

*****

윌슨의 또 다른 개념인 민족자결주의(self-determination) 역시 마찬가지로 강력한 영향력을 갖고 있지만 동시에 골치아픈 문제를 제기하는 주장이다. 1919년 윌슨이 이 민족자결주의 원칙을 제기한 이유는 오스트리아-헝가리 제국(the Austro-Hungarian empire)을 해체하여 그 곳과 터키의 술탄이 지배하던 유럽지역에 한 무리의 신생국가를 세우려 했기 때문이다.

민족자결주의는 모든 인종집단이 각자 자신의 나라를 가져야 하며, 일단 그렇게 되면 전쟁의 발생가능성이 줄어들 것이라는 논리에 바탕을 두고 있다. 그러나 문제는 인종집단이 지리적으로 뒤섞여있다는 데 있다. 그들은 정연하게 구획지어지지도 않거니와 나눈다 하더라도 자연스럽고 독자적인 안보단위가 형성되기에는 적합치 않다. 인종적 기준에 의해 국가를 나누면 지리적 기준에 부합되지 않으며, 지리적 기준을 따라 나누면 인종적 기준을 만족시키지 못했다. 그래서 정치가들은 타협했다. 그 결과 상호반목하는 소수인종집단들을 한데 묶은 나라들이 동유럽에 세

4. David C. Hendreickson, "The Ethics of Collextive Security," *Ethics and International Affairs* 7(1993), p.2. 깊이있는 이 논문이 그 주장을 구상하는 데 내게 큰 도움을 주었다.

워졌다. 폴란드와 체코슬로바키아에 살고 있는 독일인, 루마니아에 살고 있는 헝가리인, 러시아에 살고 있는 루마니아인 등이 그 대표적인 예이다. 이것이 1920년대와 1930년대 유럽 대혼란의 실마리였다. 지금 또 다시 이들 지역에 무질서가 휩쓸고 있는 이유도 과거 공산주의 정권 아래서 강제로 잠복되었던 인종갈등문제가 다시 표출되고 있기 때문이다.

모든 민족이나 인종집단이 자신의 영토를 가져야 한다는 발상은 대부분의 사람들에게는 옳은 이야기처럼 들린다. 그러나 당신이라면 민족을 어떻게 규정하겠는가? 인종으로? 언어로? 종족적 충성도로? 만일 민족이 정연하게 나누어질 수 없다면?

또 어떤 민족이 차지하고 있는 영토를 똑같은 열정으로 다른 민족이 소유하려 한다면 어떻게 해야 하는가? 누가 옳은가, 세르비아인인가, 크로아티아인인가, 유태인이 옳은가, 아랍인이 옳은가, 아르메니아인인가, 아제르바이잔인인가, 쿠르트족인가, 터키족인가? 이것이 1919년 윌슨이 민족에 기초한 국가를 주장했을 때 제기된 문제들이었다. 이 문제들은 그것이 문제시되지 않는 것처럼 가장함으로써 해결되었다. 그 딜레마가 바로 보스니아의 비극을 불렀다.

자신의 정체성을 되찾겠다고 선언한 동유럽국가들은 지금 자국에 살고 있는 '이방' 인종집단들을 민족자결주의라는 이름 아래 억압하기 바쁘다. 결과적으로 동유럽은 실망스럽게도 앞으로 과거와 같은 상태로 되돌아갈 우려가 있다.

　　민족자결주의는 실천적인 면뿐만 아니라 원리면에서도 문제가 많다. 민족자결주의는 기존 공동체의 해체를 촉발시키고 가장 격세유전적인 열정들(the most atavistic passions)을 자극할 가능성이 있다. 민족자결주의의 중심 전제는 종교와 혈통이 다르면 함께 어울려 조화롭게 살기 어렵다는 것이다. 그러므로 이 원칙은 부족적 충성심, 이질문화에 대한 억압(때로는 불관용)에 입각해 있어, 편견을 조장하고 폭력을 부를 가능성이 많다. 이 원칙은 기존 국가를 파괴하는 데 이용되어 왔다. 1938년 히틀러는 체코슬로바키아에 대해 독일인이 살고 있는 슈데텐란드(Sudetenland)의 분리를 요구하면서 이 원칙을 사용했고, 크로아티인과 보스니아회교도들이 유고슬라비아의 해체를 요구할 때도 이 원칙을 거론했다. 민족자결주의는 또 1947년 인도의 분할을 정당화하는 데 사용되었고, 인도의 추가분할을 지지하는 사람들은 지금도 이 원칙을 내세우고 있다. 뿐만 아니라 캐나다, 벨기에, 이탈리아와 같은 선진산업국가들에서도 이 원칙 때문에 지각변동이 일어나고 있다.

　　민족자결주의는 골치 아플 뿐만 아니라 파괴적인 속성을 갖고 있다. 무차별적으로 적용되면 그것은 개입이나 침공의 허가증이 될 수도 있다. 그것은 다수자 집단을 비타협적으로 만들고 억압의 구실을 제공하며 인간사회를 파편화시킨다.

　　민족자결주의는 우리의 경험―여러 인종, 여러 민족의 사람들이 모여 다른 어떤 나라보다 인종적, 문화적 차이를 관용하는 국가를 건설했던 우리의 역사적 경험―과 배치될 뿐만 아니라 우리에게 매우 해롭기도 하다.

1945년 이후의 산업세계는 인종적 민족주의(ethnic nationalism)가 아니라 시민적 민족주의(civil nationalism)에 입각해 건설되었다. UN, 냉전기의 동맹기구들, 세계무역체제, 이 모든 것은 인종적 아이덴티티가 아닌 시민적 아이덴티티에 입각해 창설된 것이다. 냉전 그 자체도 인종적 이유가 아닌 이념의 옷을 입은 국가들 사이의 싸움이었다.

서방세계가 소련을 바라볼 때는 거기에는 국가와 이념이 있었다. 그러나 러시아인들이 자신들을 되돌아 보았을 때, 그들은 이미 가치가 상실된 정치신념으로 초라하게 도배된 다국적의 제국(multinational empire)을 발견했다. 1990년 중심부가 갈라지자, 세계 최대의 이 다국적 국가는 그 구성부분으로 나누어졌다.

새로이 인종집단에 기초해 세워진 국가들의 정치지도자들은 권력을 유지하기 위한 노력의 일환으로 이웃 국가들과의 해묵은 갈등을 다시 일으키고 조그만 차이도 외부사람들이 볼 수 있도록 크게 확대시켰다. 그래서 우리는 아르메니아와 아제르바이잔, 그리고 보스니아 상호간의 잔인하고 냉혹한 전쟁을 보고 있는 것이다. 민족자결주의가 국제사회의 안정을 증진시킬 것이라는 윌슨의 가정은 잘못되었음이 명백해졌다. 1989년 이후 유럽, 아프리카 그리고 인도대륙에서 일어난 일련의 비극적 사건들은 윌슨의 가정과 정반대되는 현실을 보여주고 있다.

우리는 더이상 민족자결주의를 무조건 옳은 것으로 받아들일 수 없다. 국가의 해체는 국제안정과 인간의 권리에 커다란 재앙을 초래했다. 크로아티아와 보스니아사태에서 보듯이 민족자결주의가 소수의 권리를 억압하고 인종분규를 야기할 수밖에 없다면 민족자결의 요구가 당연한 권리라고는 할 수 없다.

우리가 앞으로 이와 유사한 파국적 사태들의 재발을 막으려 한다면, 민족자결주의라는 이상을 보다 엄격한 관점에서 이해하도록 해야 할 것이다. 그렇지 않으면 무력개입을 해야 하거나 국가가 폭력적 갈등 속에서 해체되는 것을 지켜보게 될 것이다. 체코나 소련의 경우처럼 국가가 자발적으로 해체되는 경우를 제외하고는 국가의 해체가 국제적으로 용인되어서는 안될 것이다.

1919년에는 미래지향적 정책으로 간주되었던 이 원칙이 이제는 점점 더 퇴행적 원칙으로 보여지고 있다. 만일 우리가 시민의 평등 및 소수의 권리를 믿는다면, 민족자결주의가 우리의 이러한 믿음의 실현을 어렵게 만든다는 것을 알아야 한다.[5]

*****

2차대전이 끝났을 때 미국 사람들은 금세기에 있었던 끔찍한 두 차례의 세계전쟁이 민족국가체계(the system of nation-states) 때

---

5. 이 논의에서 나는 Kamal S. Shehadi의 아래의 뛰어난 연구로부터 도움을 받았다. "Ethnic Self-determination and the Break-up of States," *Adelphi Paper 283*, Dec. 1993. International Institute for Strategic Studies, London.

문에 발생한 것이라고 생각했다. 그래서 국제주의를 강화하고 과거의 외교적 기구들을 폐기해야만 사람들이 평화롭게 더불어 살 수 있으리라 믿었다.

루스벨트 대통령은 1945년 2월 얄타회담을 마치고 돌아온 뒤 의회에서 행한 연설에서 전후세계는 힘의 정치로부터 자유로워져야 할 것이라고 말했다.

> 일방적 행동체계(the system of unilateral action), 배타적 동맹, 세력균형, 그외 수세기 동안 실패를 되풀이해 온 여러 수단들을 이제는 그만두어야 한다. 과거의 이 모든 것을 우리는 평화를 사랑하는 모든 국가들이 가입하는 보편적 국제기구로 대체할 것을 제안한다.

당시에는 이것이 이상주의적이라기보다는 미래지향적 발언이었다. 나치와 일본의 전쟁광들, 스탈린주의자들은 국가기구가 지나치게 강해지는 것이 좋지 않다는 것을 잘 보여주었다. 많은 사람들은 국가를 개인의 안티테제로, 개인의 가장 무서운 적으로 생각했다. 조지 오웰의 『1984년』은 이러한 감정을 생생하게 포착하고 있다. 카프카(Kafka)의 『성(The Castle)』이 독자들로부터 새로운 관심을 끈 것도 놀라운 일이 아니다.

그러나 국가의 손은 모든 곳에 미치고 있다. 국가는 하나의 감옥이다. 그렇지만 올바로 통제되기만 한다면 그것은 개인의 권리에 대한 보증자가 될 수도 있다. 입헌민주주의란 '국가 안에서' 자유를 지키기 위한 수단이다. 다국가체계(multinational system) 아래서 인종적, 종교적, 사회적 소수집단이 보호받을 수 있는 방법은 국가의 권위에 의해 헌법적으로 (소수집단에 대한 억압이) 억제될 때만 가능하다. 그렇지 않으면 소수집단은 공포에 떨고 다수집단은 횡포를 부리게 될 것이다.

인종국가(Ethnic States)는 집단의 권리를 찬양한다. 따라서 개인의 권리를 고려할 여지가 별로 없다. 단결과 순응을 추구하는 인종국가보다 더 전제적인 국가는 없을 것이다.

현재의 사태추이로 볼 때 여러 다양한 인종집단을 포괄하는 응집력 있는 국민국가의 시대는 종말에 다다르고 있는 것 같다. 그러나 미국을 포함한 일부 지역에 있는 국민국가들이 현재의 국제체제의 초석노릇을 하고 있다. 만일 그들 국가가 없다면 국제체제는 와해되고 말 것이다.

인종적, 부족적 충성심이 어느 때보다도 중시되고 있는 요즘에 관용은 차치하고 질서가 과연 유지될 수 있을지 의문스럽다. 수십 년의 냉전기간 동안 우리는 단지 '자유롭게' 되기만을 바랐지, 이런 문제들에 대해서는 생각해 보지 않았다. 이제 우리는 자유로워지는 것만으로는 충분치 않음을 알게 되었다. 특히 우리 미국처럼 다양한 문화가 병존하는 사회에서 입헌민주주의를 어떻게 유지해 나갈 것인가 하는 것이 냉전질서 붕괴 이후 제기된 가장 시급한 문제들 중의 하나이다.

6

세 개의 암호

냉전이 끝나자 윌슨의 이상주의가 기존의 반공주의를 대신해 미국외교의 지도이념이 되었다는 것은 그리 놀랄 일이 못된다. 윌슨주의가 추구하는 목표는 민주주의, 자유무역, 입헌주의가 실현되는 세계를 건설하는 것인데, 그 밑바탕에는 미국 예외주의 (American exceptionalism)가 깔려 있다. 윌슨주의를 통해 우리는 해외에 나라를 만들고 대의정부를 세운다는 수개의 거창한 야심을 추구해 왔으며, 이 과정에서 종종 실망스럽게도 당사국들의 반발에 부딪치기도 했다.

금세기에 들어와 우리는 무수히 많이 이웃나라를 공격했다. 우리의 이런 행동은 윌슨의 유명한 말처럼 그들을 가르쳐 '올바른 사람이 되게' 하기 위해서였거나, 아니면 1915년 하이티에 대해 점령이라는 공식적 해결방식을 취한 것처럼, 그들이 우리 문 앞에서 무질서하게 행동함으로써 '공공방해행위(public nuisance)'를 저질렀기 때문이다.

그리고 과테말라, 니카라과, 쿠바, 그라나다에 직접 혹은 간접적으로 개입한 것은 우리가 승인하지 않은 정부(주로 좌익정부)를 제거하기 위해서였다. 하지만 민주주의를 들먹이는 고상한 웅변술에는 종종 미국이 투자한 자본의 안전확보에 관심이 있었기 때문이라는 사실을 모르는 순진한 사람은 없을 것이다.

물론 인도주의적 이유 때문에 개입하기도 했다. 하지만 의회와 일반국민들은 국익에 도움이 되지 않는 개입에 대해서는 그것이 비록 인도주의적 동기에 의한 개입이라 할지라도 점차 회의적인 시선을 보내기 시작했다. 르완다에서 전쟁이 벌어져 50만 명이나 죽었다고 보도되었음에도 미국이 수수방관했던 것은 이 때문이다. 세계 강대국들 중 프랑스만이 군대를 파견해 유혈사태를 저지했었다. 그리고 클린턴 정부가 선거에서 당선된 지도자를 권좌에 복귀시키기 위해 하이티를 침공하겠다는 계획을 세웠을 때(외교적 조치를 취하기 전의 일이다), 민주주의, 인도주의, 그리고 국익에 입각한 지지호소에도 불구하고 국민들은 그 계획을 지지하지 않았다.

사실 우리 외교의 가장 긴급한 현안이 되고 있는 소말리아의 기아사태, 르완다에서의 부족간 폭력, 발칸의 인종분규, 하이티의 억압정치와 같은 것은, 그 실상을 생생히 전달해 주는 텔레비전의 위력이 없었다면 우리는 아마 이들 지역 어느 곳에도 개입하지 않았을 것이다(난민문제가 걸려 있기 때문에 하이티는 예외이다). 냉전시절에는 위에 열거한 것보다 더 개입하기 어려운 지역에도 개입해 왔다는 사실을 잘 알고 있는 일반국민들은, 눈에 보이는 현실이 실망스러워 미국정부가 '뭔가를 하긴 해야 한다'고 느끼긴 했지만 가능한 한 적게 개입하는 것이 좋다고 여기고 있었다.

만일 레이건 정부의 레바논 개입과 클린턴의 소말리아 개입의 경우처럼, 비용이 예상한 것보다 너무 많이 들어가게 되면 대통령은 안면몰수하고 철수해야 할 것이다.

남을 좋은 사람이 되도록 계도하고, 무질서한 이웃을 훈계하며, 재앙의 희생자들을 구호해 주고, 그리고 우리의 투자를 보호하는 것까지는 모두 이해할 만한—어떤 경우 칭찬할 만한—행동이다. 그러나 그러한 행동은 자주 있는 일이 아니다. 그리고 그런 사례들을 우리 외교정책의 기반으로 삼을 수는 없다.

우리 외교정책의 기초는 다른 데서 찾아야 한다. 흔히 우리의 외교정책은 세 개의 길잡이 별(lodestars)에 의해 인도되어 왔다고 말한다. 이 세 개의 길잡이 별은 모두 의례적인 존중뿐만 아니라 실질적으로도 신성불가침의 원칙으로 간주되고 있다. 그러나 세 가지 다 무시할 수 없는 함정도 갖고 있음을 잊어서는 안된다.

첫 번째, 길잡이 별은 안정(stability)이다. 사람들, 적어도 현재 상태에 만족을 느끼고 있는 사람들은 누구나 안정을 찬양한다. 이것은 부유한 사람들의 교리이다. 현상유지(the status quo) 수호자들은 안정을 무조건적인 선(善)으로 간주한다. 안정은 어떤 체계 속에서 그들이 누리고 있는 것을 그대로 유지시켜 준다. 안정은 대개 정치학이나 권력과 관련하여 논의된다. 그러나 일반적으로 이것은 경제학과 부의 분배문제에 뿌리를 내리고 있다.

하지만 안정은 정상상태(normal state)가 아니다. 그것은 엄격한 규칙이나 휘두르는 곤봉의 힘에 의해 강요되어야 한다. 우리는 지금 어떤 합의된 규칙을 갖고 있지 못한 세계 속에 살고 있다. 따라서 우리는 불안정에 적응하도록 노력하든지 일부 국가를 질서유지자로 삼든지 해야 한다.

안정은 항상 깨질 위험이 있다. 그리고 안정의 유지는 힘과 힘을 사용할 의지가 있느냐의 여부에 달려 있다. 그것은 또 안정을 위해서라면 피든 보물이든 기꺼이 대가를 치를 용의가 있음을 의미한다. 소련은 40년 이상이나 동유럽에 안정을 강요했다. 결국 그 일과 군비경쟁 때문에 소련은 파산했다. 세계 전체를 안정시키려는 우리의 일이 동유럽 안정을 위한 소련의 노력보다 더 쉽고 값싸게 먹힐 가능성은 거의 없다. 냉전기에 우리는 산업발전에 뒤떨어진 소련만을 경쟁자로 갖고 있었다. 지금 우리는 일본, 중국, 통일유럽과 경쟁해야 한다. 그런데 이들은 모두 무엇이 안정이며, 안정이 누구에게 이로운 것인지 자기 나름의 견해를 갖고 있다.

더 중요한 점은 소련제국이 붕괴되고 냉전이 끝나자 국가체계가 약화되기 시작했다는 점이다. 국가체계는 적어도 국가경계 내에서는 어떤 형태의 안정을 확보해 준다. 그러나 그 국가시스템

이 흔들리기 시작하자 국가 내부의 집단폭력(group violence)과 국제테러리즘에 대한 억제력이 줄어들기 시작했다. 강한 국가라 할지라도, 소련의 예에서 보듯이, 국민의 확고한 충성이 뒷받침되어 있지 않으면 하룻밤 사이에 약한 국가가 될 수도 있다. 북아프리카 그리고 이슬람 근본주의의 영향 아래 있는 중동의 친서방국가들이 현재 바로 이와 비슷한 문제에 직면해 있다.

다투고 있는 분파들(factions)에게 국외자가 안정을 강요하는 것은 만족할 만한 성과를 기대하기 어려울 뿐만 아니라 당사자들로부터 고맙다는 말을 듣기도 힘들다. 또 그 개입은 종종 본래 의도와는 다른 결과를 낳을 수도 있다. 영국은 3세기 동안이나 북아일랜드에 질서를 부여하려 했지만 결국 실패했다. 미국은 1915년 하이티에 침공해 안정을 회복시켰지만 19년 동안이나 그 곳에 머물러야 했다. 유엔은 30여 년 전 사이프러스로 가서 반목하고 있는 그리스인과 터키인을 분리시켰지만 아직도 그 곳에 유엔군이 주둔하고 있다.

냉전이 끝난 이후 우리는 걸프전처럼 비용을 부담하고 싶지 않은 작전이나 보스니아, 하이티에서와 같이 무력개입이 여론의 지지를 받지 못하는 군사작전에, 유엔을 끌어들이려고 애썼다. 그러나 유엔이 미국외교를 대신해 줄 수도 없거니와 유엔의 권위로는 군사작전을 수행할 능력도 없다. 그리고 세계정부의 실현가능성이 지금보다 더 높아지지 않는 이상 그래서도 안된다.

하지만 부시와 클린턴정부가 보여주었듯이 외교적 목표를 달성하기 위해서는 종종 유엔을 활용하거나 다자주의(multilateralism) 형식을 비는 것이 필요할 때도 있다. 부시는 유엔을 이용해 이라 크 공격에 대한 국제적 승인을 얻어냈고, 클린턴 역시 유엔을 통해 하이티 개입에 대한 국제사회의 지지를 이끌어냈다. 다자주의 란 눈가리고 아웅하는 짓일지도 모른다. 그러나 강대국들이 자신들의 외교적 현안에 유엔을 끌어들이려 할 경우 다자주의 형식을 취할 가능성이 점점 더 커질 것 같다.

큰 나라가 작은 나라를 상대로 일으킨 전쟁이 단지 안정유지라는 명분 하나로 항상 정당화될 수 있는 것은 아니다. 또 그것이 유엔에서 일시적으로 다수 국가로부터 승인을 받았다고 해서 반드시 미국 국민들의 지지를 받으리란 보장은 없다. 겉으로 고상한 명분을 내걸고 직접 참전 또는 대리전 형식으로 제3세계에서 수행했던 우리의 전쟁경험으로 미루어 볼 때, 장래에 이와 유사한 작전을 실시할 경우 우리는 좀더 신중해져야 할 필요가 있다.

안정성 문제 이외에 우리 외교가 관심을 갖고 있는 분야는 세계적 지도력이다. 세계적 지도력의 행사라는 이 끈질긴 유혹으로부터 초연한 사람은 거의 없다. 변화와 '신사고'의 필요성을 설교하고 다니는 사람조차도 말이다. "결국 우리는 세계 유일의 초강대국이 되었다. 세계는 우리가 이끌어가야 한다." 그리고 나서 빌 클린턴은 약간 덜 수사적인 말투로 덧붙였다. "(하지만) 우리가… 모든 문제를 해결할 수 없다는 것은 자명하다."[1]

1. Cliton: "lead the world," April 1993, quoted in Christopher Layne and

정치가들은 미국이 반세기 동안 세계를 이끌어 왔다고 주장한다. 우리가 세계경찰 노릇을 하는 것은 무모한 역할확장이 될지도 모른다고 경고하는 회의론자들도 있지만 그러한 지적은 '반대만 하는 사람들(declinists)'의 이야기로 치부되고 만다. 우리 이전의 제국들이 무모하게 세계적 지도력을 확대해 나가다가 파산했던 것은 사실이지만, 우리에겐 그들이 갖고 있던 한계를 극복할 수 있다는 것이다.

미국은 "지도해야 할 의무가 있다(bound to lead)"라는 말을 하기도 한다. 소말리아에서의 구조활동은 우리가 없었더라면 불가능했을 것이다. 미국의 결의가 없었다면 쿠웨이트는 이라크의 한 지방이 되었을 것이다. 미국의 위협 때문에 세르비아는 사라예보에서 포위망을 풀었으며, 하이티의 장군들은 '민주주의 회복을 위한' 미군의 진주를 허용할 수밖에 없었다.

이같은 사례들에는 얼마간 진실이 들어 있다. 그러나 이 사례들을 미래의 지침으로 삼을 수는 없다. 이것들은 모두 다른 강대국의 저항을 받지 않았던 작전들이다. 만일 미국의 지도력이 다른 강대국의 핵심이익이라는 콘크리트벽과 충동할 경우는 어떻게 될까? 보스니아전쟁 중에 우리는 이러한 상황을 잠깐 겪었다. 보스니아전쟁이 진행되자 러시아는 빈곤해지고 약체화되긴 했지만, 러시아가 세르비아에 이해관계를 갖고 있음을 분명히 했던

Benjamin Schwartz, "American Hegemony-Without a Leader," *Foreign Policy* 92(Fall 1993); "can't solve," *Washington Post*, Oct. 17, 1993.

것이다. 그렇지만 러시아인들은 우리에게 선택의 여지를 많이 허용했다. 군사적 개입에는 반대했지만 정치적 영향력 행사에는 반대하지 않았던 것이다. 여기에서 보듯이 만일 다른 강대국의 이익과 우리의 이익이 일치할 때 우리는 '유일한 초강대국'이 될 수 있지만, 그렇지 않으면 우리는 고립되어 행동할 수 없는 경우가 많다.

모두 다 순순히 따라주는 한 지도력은 좋은 것이다. 그러나 그러한 상황은 매우 드물다. 미래에 그같은 상황이 많이 생기리라고도 볼 수 없다. 냉전 이후 멋진 신세계에서의 지도력은 우리가 앞서 뛰어 나가지만 어쩌면 아무도 그 뒤를 따르지 않는 상황이 될지도 모른다. 이러한 상황은 다른 용어로 묘사할 수 있겠지만 '지도력'이란 단어로 표현하기는 어렵다.

"보다 나은 세계는 강력(strong)하고 계몽된(enlightened) 지도력에 의해서만 출현할 수 있다. 미국만이 그런 지도력을 제공할 수 있다. 어떤 다른 강대국도 어떤 다른 국제기구도 세계적 안목을 갖고 있지 않으며, 세계 구석구석까지 손이 미칠 수 있는 능력을 갖고 있지 않다"[2]라고 조지 부시의 안보보좌관은 말했다. 이것은 듣기에는 기분좋은 포부로서, 선거연설이나 의회연설로서는 그럴 만한 가치가 있다. 또 여기에는 원하는 것이 무엇인지를 부풀리고 있다.

2. Brent Scowcroft, "Who Can Harness History? Only the U.S.," *New York Times*, July 2, 1993, p.A15.

그들이 가장 바라는 것은 지도력이 아니라 지원(support)이다. 유럽인들은 또 다시 유럽국가 상호간에 전쟁이 일어날 경우 우리가 그들을 도와 전쟁에서 벗어나도록 해 주겠다는 약속은 좋아할 것이다. 일본인들은 우리가 그들의 종속적 고객임과 동시에 보호자가 되어주길 바라고 있다. 냉전 이후에 생긴 여러 신생국가들은 우리가 계속 원조와 방위를 제공해 주길 바라고 있다.

그들이 이같은 이점을 누릴 수 있는 것은 우리가 '유일한 초강대국'이 되려 하기 때문이다. 우리가 '유일 초강대국' 노릇을 하는 것은 그들에게는 아무런 손해도 주지 않고 오히려 상당한 이익을 가져다 주는 일이다. 하지만 그같은 협조도 명백히 한계가 있다. 걸프전에서도 유럽인과 일본인은—우리는 그들의 석유공급을 보호해 주고 있다—앞으로는 미국이 치르는 전쟁에 돈을 대는 일이 없을 것임을 명백히 했었다.

지도력은 하나의 외교전략으로 보아야지 외교목표로 보아서는 안된다. 그것은 우리가 가고 있는 목적지를 말해 주는 것은 아니다. 그것은 우리가 해야만 한다고 생각하는 일을 달성하는 데 있어 다른 나라의 도움을 받는 방법을 말해줄 뿐이다. 개인에게서와 마찬가지로 국가에서도 지도력은 유혹적인 목표이긴 하지만 동시에 속기 쉬운 목표이기도 하다.

지도력은 특히 대외정책을 조정, 지휘하는 책임을 맡고 있는 사람들이 좋아한다. 그들은 국내문제를 세계경영이라는 복잡한 문제로부터 벗어난 귀찮은 곁가지로 보는 경우가 많다. 냉전이 오래 계속됨으로써 세 세대에 걸쳐 군사·정치·경제 분야의 전략가들이 양산되었는데, 이들의 초점은 국내문제가 끝나는 지점에서부터 시작된다.

안정(stability)과 지도력(leadership) 이외에 우리의 외교정책을 움직이는 세 번째 암호(shibboleth)는 민주주의(democracy)이다. 우리는 늘 민주주의의 증진이 우리의 의무라고 말해왔다. 우리는 마치 우리가 그것을 발명이라도 한 것처럼 민주주의를 찬양하고 있으며 그것을 모든 인류가 채택해야 할 모델이라고 보고 있다. 우리 정치인들은 다른 나라 사람들에게 우리처럼 민주주의제도를 채택하라고 권고하는데, 만일 그들이 우리의 충고를 거부하면 어리둥절해 한다. 우리는 또 해외의 민주주의 촉진을 목적으로 하는 국가민주주의기금(the National Endowment for Democracy)이라는 정부가 지원하는 기구까지 갖고 있다.

민주주의는 우리 정치레토릭에서 핵심단어가 된다. 1917년의 윌슨처럼 오직 미국 대통령만이 근엄한 얼굴을 하고 '세계민주주의를 지키기 위해' 유럽 제국주의 국가들간의 전쟁에 개입한다고 선언할 수 있다. 비록 의도했던 궁극적 목표를 달성하지는 못했지만—우리는 전쟁에서는 승리했지만 민주주의를 확립하지 못했다—이같은 야망이 가치를 상실한 것은 아니다. 냉전이 끝난 지금 우리 정치가들은 또 다시 윌슨의 나팔을 불려고 하고 있다.

그러나 민주주의 전파가 구호로만 그치지 않고 실질적 의미를 가지려 할 경우에는 위험성이 수반된다. 민주주의가 확고히 뿌리 내리려면 보통 어느 정도의 경제적 번영, 안정적 중산층, 그리고 수십 년간의 민주정치경험이 필요하다. 충분한 준비 없이 시행했을 경우 자칫 심한 환멸만 안겨주거나 무정부상태 내지는 권위주의로 퇴행할 수도 있다.

우리는 이런 현상을 이미 과거 구소련에 속해 있었던 여러 국가들에서 보고 있다. 사실 러시아 자체도 자유시장과 자유선거체제로 성급히 뛰어들긴 했지만, 대중들이 무능과 빈곤과 부패에 환멸을 느끼게 되면 무정부상태나 군부파시즘으로 되돌아갈 가능성도 있다.

더욱이 '국민의 선택(people's choice)'은 별로 달갑지 않은 의외의 결과를 초래할 수도 있다. 회교권 일부 국가에서는 민주주의가 반서구적 근본주의자들(anti-Western fundamentalists)의 권력을 강화시키는 결과를 낳았다. 1992년 알제리의 군부는 회교근본주의자들이 승리한 자유선거를 무효화시켜 버렸다. 이슬람 급진주의(Islamic radicalism)보다는 차라리 군부 권위주의가 낫다고 여긴 우리 정부 및 여러 다른 나라들은 이 반민주적 행동에 박수를 보냈다. 원칙(principle)은 이익(interest)에 무릎을 꿇게 마련인 것이다.

민주주의가 우리 외교의 최고 우선순위라고 말하는 것은 위선이다. 이집트, 사우디아라비아, 러시아 등에서 민주주의의 실시가 친서방지도자들의 권좌를 위협했을 때, 민주주의에 대한 우리의 열정은 상당히 식어갔다. 이들 지역에서는 민주주의보다는 안정이 우선시 된다.

우리의 대중국정책은 분명히 이와 유사하다. 우리는 북경정부가 인권을 존중하고 반정부 인사들이 자유로이 발언할 수 있도록 허용해 주기를 바랐다. 그러나 우리는 이것이 중국과의 무역관계에 장애물이 되는 것을 바라지는 않았다. 우리와 유익한 경제적, 정치적 유대관계를 맺고 있는 정권이 붕괴되는 것은 중국지도자들에게도 좋지 않은 일이지만 우리에게도 별로 이득이 되지 않는다.

우리의 민주주의 제도는 우리에게 잘 봉사해 왔고 또 우리의 본질적 특성을 잘 드러내 준다. 그러나 다른 나라들은 역사적 경험이 다르고 존중하는 원칙이 다르다. 민주주의를 무정부주의와 동일시 하고, 인권문제에 대한 거론을 정부전복의 구실로 보며, 자유무역은 저렴한 상품으로 시장을 장악하기 위한 구실이 아니면 저임금지역으로 공장을 이동시키는 지렛대쯤으로 간주하는 사람들도 있다.

민주주의는 우리의 제도이다. 우리는 자유경제체제 때문에 심한 소득불균형이라는 대가를 치르고 있듯이, 민주주의로 인해 무질서, 폭력, 성문란과 같은 대가를 치르고 있다. 그럼에도 우리는 남에게 그것을 채택하라고 설교한다. 그러나 행동의 자유, 언론의 자유보다는 질서와 부에 우선 순위를 부여하는 사람들, 가치평가의 기준이 서로 다른 사회에 대해서도 이것이 과연 적합할지는 의심스럽다.

예를 들면 사실상의 종신 수상인 싱가포르의 이광요는, "자유는 질서가 확립된 국가에서만 존재할 수 있다”[3]고 말하고 미국사회의 ‘시민사회 붕괴(breakdown of civil society)’(이광요는 이렇게 표현하고 있다) 현상을 비판하고 있다. 또 싱가포르는 ‘연성의 권위주의 국가(soft authoritarian)’라고 말할 수 있다. 이곳에서는 무제한적 표현의 자유보다는 질서가 우선시 되며, 반정부운동은 경제번영을 위해 허락되지 않는다. 그러나 싱가포르는 생활수준이 높고 시민들이 거리를 안전하게 걸어다니며, 마약과 폭력은 용납되지 않는다. 대부분의 미국인들은 싱가포르에서 살고 싶어하지 않을 것이다. 그러나 그러한 국가를 우리가 가르칠 수 있겠는가?

근대화 및 경제발전에 성공을 거둔 개발도상국은 대부분 어느 정도의 권위주의적 성격을 가지고 있다. 하지만 이것은 급속한 산업발전의 대가일 것이다.

이 문제에 관한 예로써 인도와 중국의 역사를 비교해 보는 것이 좋겠다. 인도는 세계 최대의 민주주의 국가이고 중국은 최대의 권위주의 국가이다. 인도는 중국 공산주의가 내전에 승리할 무렵 독립했다. 1940년대 후반 당시 중국은 지구상에서 가장 가난한 나라 중의 하나였다. 반면 인도는 중산층이 제 기능을 발휘하고 있었고 산업부문이 어느 정도 갖추어져 있었으며 영국 통치 기간 동안 축적된 교육 및 법제도가 있었다.

오늘날 인도의 유아사망률은 중국의 3배이다. 성인 문맹률은 2

3. Fareed Zakaria, “A Conversation with Lee Kuan Yew,” *Foreign Affairs* 73, no. 2(March-April 1994), p.111.

배이고, 경제성장률은 절반 이하이다. 평균 수명은 중국보다 27년이 떨어진다. 어느 나라가 다른 개발도상국에게 더 나은 모범이 될 것인지는 추측하기 어렵지 않다.

*****

대외정책은 정의상으로 볼 때 거의 엘리트의 직업이다. 보통사람들은 그 끝없는 계산, 변수, 가능성에 관해 생각할 시간적 여유가 거의 없다. 징병소집과 같이 그의 생활에 직접 영향을 미치는 일이 아니면 대개 전문가들의 손에 맡겨버린다.

그러나 이런 현상이 반드시 바람직한 것은 아니다. 대부분 전문가들은 스스로 전문가로 자칭하는 경우가 많다. 그들은 대외업무와 관련된 일을 함으로써 먹고 산다. 그 외에는 정부출연연구소나 사설연구소에서 계획서를 끌쩍거리는 사람, 대학에서 강의하는 사람, 언론에서 대외문제에 관해 논평하는 사람 등이다.

그들은 자신의 전문분야에 관해 잘 알고 있는 것이 보통이다. 그러나 대개의 전문가들이 그러하듯 자기분야에만 너무 집착한다. 자기 분야를 다른 어떤 분야보다도 더 중요한 것으로 치켜올리는 경향이 있다. 때로는 문제를 전체적으로 조망해 보는 시야가 결여되어 있거나 현실감각을 상실하는 경우도 있다. 그들은 '신뢰성(credibility),' '국가위신(national prestige),' '영향력(influence)' 등에 집착하고 '지도력,' '안정' 등과 같은 추상적 용어들을 매우 좋아하는 경향이 있다.

실제로 베트남전 기간중에 바로 이런 현상이 일어났다. 아무도 설득력 있는 참전이유를 제시하지 못했던 상황에서 사상자가 어느 때보다 많이 나오자 반전무드가 고조되어 갔는데, 1967년에 펜타곤의 한 고위관리는 자기 상사에게, "외교당국자들이 제정신이 아니라는 인식이 강하게 확산되고 있다"고[4] 말함으로써 외교당국자들이 균형감각을 상실했음을 솔직히 시인한 바 있다.

냉전이 끝나자 외교정책은 그 현실성 및 실행가능성면에서 좀더 엄격한 검증을 받아야만 했다. 전쟁을 할 경우 그 이유가 설명되어야 했다. 희생자가 나왔다면 정당한 사유가 제시되어야 했다. 그리고 외교목표가 현실적으로 필요한 것인지 확인되어야 했다.

일반대중이 정치지도자나 언론매체에 의해 조작되기 쉽다는 것은 확실하다. 사실 어느 지역이든 약간의 위협이 있으면 그 지역은 '핵심적 이해관계'를 가진 지역이라고 믿게 할 수 있다. 냉전시절에는 공산주의가 바로 이 이상적 위협 역할을 담당했었다.

냉전 이후에는 끌어낼 위협을 발견하기가 점점 힘들어졌다. 쿠웨이트의 경우에는 석유가 관련되어 있었기 때문에 부시대통령은 여론을 불러일으킬 탈공산주의 위협(post-communism threats)을 찾을 수 있었다. 소말리아의 산적이나 다름없는 부족들, 미쳐 날

---

4. Statement by John McNamara May 6, 1967, quoted in Marilyn B. Young, *The Vietnam Wars, 1945-1990*, New York: Harper Collins, 1991, p.206.

뛰는 보스니아의 세르비아인들, 하이티의 사악한 대령들, 르완다의 집단살해를 서슴지 않는 민병대, 이들 중 누구도 공산주의와 같은 수준의 위협이 될 수는 없었다.

수십 년 동안 대중들은 위협이라는 소리를 너무 많이 들었다. 그때의 위협은 공산주의였다. 그러나 지금은 그 위협을 창너머나 도로에서도 찾을 수 있다. 사람들은 세계질서의 붕괴에 대해 그리 놀라지 않았다. 왜냐하면 그같은 질서붕괴가 바로 자기 이웃집에서 목격되고 있기 때문이다. 그들의 관심사는 지금 이순간의 현실이다.

그러나 외교정책 당국자들은 좀더 추상적인 문제에 관심을 갖고 있다. 신뢰성, 인식, 권력, 구조, 균형, 도전, 위신 등이 그것이다. 그들은 국가라는 렌즈를 통해 세계를 본다. 그들에게 국가가 없으면 후원자도, 할 일도 사라진다.

정책결정자들은 현실과 격리된 별세계 속에서 사는 경우가 많다. 기업의 집행부가 주주에 대해 그러하듯 정책결정자들은 권한을 위임해 준 일반국민들과 단절되어 있다. 일단 지위를 확보하게 되면 그들은 아무런 감시도 받지 않고 행동할 뿐만 아니라 결국 국민의 통제를 벗어나게 된다.

냉전시절 국민들 대부분은 엘리트들의 외교정책 우선순위를 별다른 의심 없이 그대로 받아들였다. 소련에 대한 두려움 때문에 국민들의 합의는 더욱 견고해질 수 있었다. 그러나 이 위협이 사라지자 인식(perception)과 수사(rhetoric) 사이의 틈이 드러나기 시작했다. 베트남전쟁이라는 최악의 시기를 제외하고는 2차대전 이후 처음으로 외교정책 결정자들은 회의하는 국민들에게 자신들이 주장하는 외교정책이 옳음을 설득해야 했다. 그러나 공산주의가 사라진 상황에서 그 정당화 노력은 별로 뚜렷한 성과를 거두지 못하고 있다.

외교정책 엘리트들은 냉전 이후의 새로운 미국의 '책임'을 다름 아닌 전 세계의 '무질서'를 제거하는 것으로 규정하고 있다. 예를 들면 한 저명한 정당중립적 연구소의 고위 책임자는 1994년, "시민적 질서가 대량 붕괴되는 사태는 전체체계에 매우 큰 위협이 된다. 우리는 이 문제를 신중히 처리해야 한다. 하지만 선택의 여지가 그리 많은 것은 아니다. 우리 자신의 사회를 결속력 있는 사회로 만들기 위해서 우리는 지구 반대편에서도 법질서가 지켜지도록 할 것이다."[5]

아마 이 저명한 학자는 이 '시민질서의 대량와해(massive breakdown of the civil order)' 현상이 그의 위풍당당한 사무실에서 몇 블럭 떨어지지 않은 곳에서 발생하여 국가의 수도를 '살인시(Murder City, USA)'로 바꾸어 놓고 있다는 사실은 모르고 있는 것 같다. 그러나 이같은 일이 드문 것은 아니다. 우리 외교정책 엘리트들은 미국인들이 사는 곳의 질서보다는 '지구 반대편의 법질서를

---

5. John Steinbruner, director of foreign policy studies, The Brookings Institution, quoted in Stephen Engleberg, "From the Pall of Sarajevo to the Shores of Who Knows Where," *New York Times*, "The Week in Review," May 1, 1994.

보호하는' 문제에 더 많은 관심을 가지는 것을 특징으로 하기 때문이다. 그들이 우려하는 '전체체계'는 공화국 미국이 아니라 세계무역체제를 가리키는 것으로 보인다.

일반국민들은 정부가 50년 동안 외교정책에만 전념해 온 것에 대해 위협적인 적을 상대하기 위해서 어쩔 수 없이 짊어져야 하는 성가신 짐으로 여겼다. 그러나 이와는 대조적으로 외교정책 엘리트들은 이것을 단순히 국제사회에 대한 미국의 책임을 수행하는 과정으로 보았다.

이 두 개의 인식 사이에 가로놓여 있는 틈이 표출된 것은 1992년의 대통령 선거에서다. 조지 부시가 외교정책 전문가라는 사실이 이 당시에는 장점이 아니라 약점으로 작용했다. 국민들은 직업, 범죄, 보건문제에 관심이 있었고, 해외문제에 대한 관여의 폭을 넓히는 것보다는 국내문제를 더 중시하게 되었다.

엘리트들이 이 현상을 '고립주의(isolationalism)'로 낙인찍은 것은 예상했던 일이다. 국내문제에 집중하라고 뽑아준 빌 클린턴마저도 외교당국자들의 틈에서 마음이 흔들려 스스로 구상했던 우선순위를 잊어버리고 마찬가지로 고립주의라고 칭했다. 그러나 이것을 고립주의라 부르는 것은 고립주의가 초래된 원인과 고립의 범위를 오해한 것이다.

국민들은 경제와 정치 모두 국제주의(internationalism)에 찬성하고 있다. 그들의 주장은 이 국제주의로 인해 국내문제가 너무 오랫동안 방치되어 왔고 그 결과 지금은 위험한 상황에까지 이르렀

으므로 더이상 국내문제를 소홀히 하지 않도록 해 달라는 것뿐이다. 이것을 이해하지 못하는 통치자는 무책임한 지도자로서 현실에 잘못 대처할 위험성도 있다.

이제 국민 그 자체가 냉전 초기의 국민, 나아가 쿠바미사일 때의 국민이나 월남전 때의 국민과도 다르다. 보다 남미적으로, 아시아적으로, 덜 대서양지향적이고, 더 태평양지향적이며, 남쪽지향적으로 변해 있다. 또 국민들은 문화적으로 더욱 다양화되어 자기가 속한 인종, 성, 그리고 어떤 이성을 좋아하느냐에 따라 충성과 이해관계를 달리하는 비율이 점차 늘어나고 있다.

이런 요인들은 국민들의 외교정책관에 커다란 영향을 미쳤다. 외교정책을 국내적 렌즈를 통해서 보는 경향이 점차 늘고 있는 것이다. 그래서 흑인들 때문에 아프리카가, 유태인들 때문에 이스라엘이, 아일랜드인들 때문에 아일랜드가 더욱 중요해지고 있는 것이다. 남미가 중시되는 이유는 단지 지리적 근접성 때문이 아니라, 수백만의 사람들이 멕시코와 중남미로부터 이주해 와서 미국에 살고 있기 때문인 것이 분명하다.

강력한 이익집단도 없고 직접적인 위협도 느끼지 못하는 지역에 대해서는 국민들은 개입에 대해 별로 흥미를 갖지 않는다. 이점은 보스니아전쟁에서 극적으로 드러났다. 대부분의 주요 일간지 및 텔레비전 평론가들은 보스니아사태에 개입하여 회교도측을 지원해야 한다고 주장했다. 그들은 도덕적 근거와 냉전시대 스타일의 논점을 제기하여 세르비아인을 지난날의 공산주의와 같은 것으로 묘사했다.

반면 일반 사람들은 발칸반도에서 벌어지고 있는 이 분쟁을, 뭐가 뭔지 모르는 그리고 국외자가 해결할 수 없는 문제로 생각했다. 클린턴은 만일 섣불리 개입했다가 일이 잘못되기라도 하면 개입을 열렬히 지지했던 학자들마저도 즉각 지지를 철회하게 되리라고 판단했는데, 그것은 옳은 판단이었다.

일반 대중들의 판단이 틀릴 경우가 많음은 확실하다. 그들의 관심사 역시 매우 제한되어 있음도 사실이다. 그러나 이러한 대중들의 관심사를 충분히 고려하지 못하고 추상적 논리에만 빠져 있는 외교정책 엘리트는 국가이익을 해치게 될 것이다. 그들의 계획은 대중들로부터 거부당하게 될 것이며 또 그래야만 한다.

세계가 과거에 비해 매우 좁아졌다는 말을 흔히 듣는데, 이것은 사실이다. 일반대중들이라고 해서 침략, 부족전쟁, 인종살상 등에 대해 더이상 무관심한 것이 아니다. 언론매체가 그렇게 내버려두지 않는다. 언론매체는 오지에까지 잠입해 들어가 고통받고 있는 사람들의 끔찍한 영상을 시민들에게 전달해줌으로써 외교정책의 현안 설정에도 영향을 미친다.

그러나 대중들의 주의환기는 일시적으로 효과가 있지만 지속되지는 않는다. 그러한 예를 우리는 직접 개입했던 소말리아분쟁, 개입해야 할 충분한 인도주의적 이유가 있었음에도 불구하고 개입하지 않았던 르완다사태, 그리고 여론의 반대에도 불구하고 주로 약하게 보이지 않으려는 이유 때문에 내키지 않는 무력개입을 명령했다가 금방 정치적 타협을 받아들였던 하이티침공—이로 인해 대통령은 신의를 손상하긴 했지만 의회와 개입에 회의적인 여론과의 위험스런 정면대결을 피할 수 있었다—등에서 볼 수 있다.

이런 사실에서 우리가 배울 수 있는 교훈은 대중이 변덕스럽다거나, 관심이 시시각각 변한다거나, 기분이 조작가능하다는 것이 아니다—이 모든 것이 사실일지도 모른다—. 그것보다는 오히려 다음 두 가지 사실이 더 문제시 된다.

첫째, 외교현안을 결정하는 것이 언론의 힘이라는 사실이다. 이것은 텔레비전이 나오기 전에도 그러했다—메인사건(the Maine)을 기억하는가?—. 그러나 즉각 영상을 접할 수 있는 지금은 몇 곱절이나 더하다. 강대국들이 사소하고 귀찮은 지역에도 개입하곤 했던 것이 과거에는 주로 경제적 이윤과 정치적 이점 때문이었지만 지금은 언론매체 및 일시적으로 관심이 촉발된 여론의 압력 때문이다.

둘째, 냉전시대의 가이드라인이 사라졌기 때문에 이제 개입에 대해 합의를 도출하기가 쉽지 않다는 사실이다. 소련이 계속 존속했더라면 사람들은 '국가안보' 때문에 어떤 개입이라도 지지했을 것이다. 그러나 지금은 피해자에 대해 연민의 정을 느끼는 경우 이외에는 세계의 모든 분쟁들에 대해 꼭 개입해야 할 이유는 없다. 설사 개입한다 하더라도 만일 그 피해자가 개입을 달가워하지 않거나, 싸움이 너무 복잡해 쉽게 해결할 수 없는 경우에는,

해결은 고사하고 손을 털고 귀국해 버리는 것이 우리의 자연스런 현상이다.

공산주의가 과거의 기억 속으로 사라져버림으로써 우리는 판단의 잣대를 잃어버렸다. 냉전시대 이념대결 혹은 생사가 달린 문제처럼 보였던 외교정책이 이제는 텔레비전 보도나 대통령에게 쏟아지는 비판들에 대하여 즉흥적으로 반응하는 문제로 되어가고 있다.

이로 인해 우리 외교정책은 기분에 휩쓸리고 언론과 압력집단에 의해 왜곡되는 결과를 낳고 있다. 그래서 외교정책이 문제의 지정학적, 지적 핵심을 놓치곤 한다. 우리는 이제 미국이 해야 할 일이 무엇이며, 무엇이 진정으로 중요하며 어떻게 대응해야만 하는지를 알지 못한 채, ‘위기’에서 ‘위기’로 계속 허둥댈 수밖에 없을 것이다.

7
미국은 무엇을 할 수 있는가

냉전시절에는 외교정책이 국가의 최우선 과제였다. 외교라는 이름 아래서는 어떤 희생이라도 정당화될 수 있었고 또 실제로도 그랬었다. 과거의 적이 힘을 잃고 공산주의가 효력을 상실한 지금 외교정책은 현실과 거의 무관한 일로 변해가고 있다. 외교를 위한 희생이 이제는 더이상 용납되지 않는다. (군대에 들어간 사람들이라면 통상 겪게 되는 직업적 위험부담인데도 불구하고) 미군이 위험한 상황에 처하게 되면 사람들은 소말리아와 하이티에서 보듯이 즉각 철수하라고 요구한다. 사람들에게 외교공약에 관한 견해를 물어보면 한결같이 개입의 최소화를 선호한다.[1] 1993년 실시한 광범위한 조사에서도 국제주의적인 협의안보다는 국내적인 문제에 대해 전폭적인 지지를 보였다.

1. America's Place in the World, *Times Mirror Center for the People and the Press*, Nov. 1993.

여론조사를 보면 일반대중들은 외교당국자의 세 가지 암호 중 일부에 대해서는 반대하는 것으로 나타났다. 국민들은 해외에 민주주의를 촉진하는 문제에 대해 만일 그것이 미국에 대해 비우호적인 정부를 들어서게 할 위험성이 있을 경우 반대한다는 입장이며, 해외의 인권문제에 대해서도 그로 인해 상이한 전통을 지닌 우호적인 국가들과 대립하게 될 가능성이 있을 경우 반대한다는 것으로 나타났다. 기존 국가가 해체되면 전쟁상태에 빠질 우려가 있는 인종집단에 의한 민족자결주의에 찬성하는 사람은 1/10도 안되었으며, 미국이 세계 유일의 지도국이 되어야 한다고 믿는 사람도 이와 비슷한 수치였다.

미국의 지도력, '세계에 대한 책임' 등과 같은 발상에 젖어 있는 외교정책 당국자들과 마약거래 혹은 마약중독, 실업문제, 범죄, 의료비, 환경 등에 관심을 갖고 있는 일반 사람들 사이에 균열이 있음은 분명하다. 냉전 초기에 대중들은 반공이라는 기치 아래 취해진 적극외교정책을 강력히 지지했고, 따라서 외교정책 엘리트의 인식과 미국인들이 살고 있는 현실 사이에는 간격이 별로 없었다.

대외경제문제에 대해서도 이같은 현상을 볼 수 있다. 평균적 미국 노동자들은 엘리트들의 관점, 특히 경제학자들의 견해에 대해 동의하지 않는다. 정책엘리트들이나 학자들은 세계자유무역의 실현이나 시장기능의 원활한 작동문제가 실업문제와 같은 '협소한' 지역 이슈보다 우선시되어야 한다고 생각한다. 그들은 세계

무역이 증가하기만 하면 일본이나 유럽연합이 미국보다 더 부유해지고 강해지는 것을 개의치 않는다. 1993년 가을 북미자유협정(NAFTA)을 둘러싸고 벌어진 치열한 논쟁은 정파대립의 차원을 넘어선 것이었다. 그것은 한편으로는 시장의 효율성과 세계시장의 유지에 관심을 갖고 있는 사람과, 다른 한편으로는 산업의 후퇴로 인한 고용문제를 우려하는 사람들 사이의 갈등이었다.

국내현안은 시급한, 그리고 사실 전망이 밝지 않은 과제이다. 우리는 선진국가 중 최고의 문맹률, 영양실조, 유아사망, 폭력범죄, 무주택, 투옥, 빈곤 등으로 고통받고 있다. 우리나라는 지금 부채로 절뚝거리고 있고, 개인의 안전에 대한 두려움 때문에 국가가 허약해지고 있으며, 숙련노동자와 비숙련노동자 그리고 직업이 있는 자와 없는 자 사이의 골이 점점 깊어만 가고 있다.

경제가 성장했음에도 불구하고 노동자의 평균임금은 20년 전보다 적으며, 부자와 가난한 자 사이의 소득격차는 점점 더 늘어가고 있다. 우리의 무역파트너들은 가차없이 우리를 추월하고 있는데, 우리의 새로운 세대들은 앞세대에 비해 소득도 낮고 성공의 기회도 적게 갖고 있다.

우리는 감옥에 들어가는 사람의 비율이 다른 어떤 나라보다도 높다. 우리는 세상이 깜짝 놀랄 정도로 서로를 잘 죽인다. 우리 대도시는 전체가 제3세계의 일부처럼 되어가고 있다. 부유한 엘리트들은 라틴아메리카에서처럼 높은 담장, 경보시스템, 경호원 뒤에 숨어서 산다. 이들의 담장밖에는 가난하고 교육받지 못한 사람들이 점점 더 폭력화되고 위험스런 존재로 변해가고 있다.

우리는 지금 직업이 있긴 하나 빈곤에 허덕이는 계층을 만들어 내고 있다. 이들을 우리는 일하는 빈곤층(the working poor)이라 부른다. 그들은 현대 테크놀러지에 대한 훈련을 받지 못했으며, 대부분 집이 없고, 어디서나 정치적 보호를 받지 못한다. 우리는 지금 과거 어느 때보다 계층화된 사회구조 속에 살고 있다. 그러나 우리는 우리사회를 계층화된 사회라고 부르는 것을 싫어한다. 사실 계급사회(class society)가 존재한다고 지적하는 것은 꼴사나운, 어쩌면 비애국적인 행위로도 간주되고 있다.

우리는 우리사회를 세계에 모범이 되는 사회로 높게 생각하고 있다. 사실 많은 부분에서 그렇긴 하다. 그러나 서유럽국가들 중에는 세대에서 세대로 이어지는 하층계급(흑인을 가르킴)이 있는 나라는 없다. 미국처럼 도시구조를 산산이 찢어놓은 총기문화(the gun culture)가 소도시와 나라 구석구석까지 침투해 있는 나라는 어디에도 없다. 어디에도 우리나라처럼 폭력을 찬양하는 대중문화, 제멋대로 날뛰는 폭력에 의해 인질이 되버린 시민사회는 없다. 사실 폭력이 미국문화와 유럽이나 일본문화 사이의 가장 큰 차이점이다. 이들 국가들이 미국을 더이상 모범국가 혹은 지도국가로 보지 않는 가장 큰 이유도 바로 이 폭력 때문이다.

국내문제는 외교정책과 무관한 영역이 아니다. 그것은 외교정책과 불가분의 관계일 뿐만 아니라 그것의 산물이기도 하다. 자국의 가치와 성과로써 세계를 보호하고 고무하겠다는 나라라면 적어도 다른 나라에게 베풀려는 만큼 먼저 자국국민을 돌볼 수 있어야 한다. 우리는 외교정책보다 이점에 있어서 더 무참히 실패했다.

냉전중 우리의 국내정책과 대외정책은 별개의 부분으로 나누어져 있었다. 그러나 이 둘은 한 덩어리로 연관되어 있다. 국가의 경제적 건강성, 사회적 복지, 정치적 응집력 등은 곧 외교정책적 쟁점이기도 하다. 이 양자 사이의 분할은 전적으로 인위적이다. 시민사회가 병들었다는 것은 국가가 약해졌다는 징표이다. 총기를 통제하고, 하층계급의 훈련과 교육을 위해 공공투자를 늘리고, 도시의 건강을 되찾는 일은 우리 정부가 취해야 할 외교정책 항목 중 가장 중요한 선결과제가 아닐까 한다.

마약과 총기와 폭력의 제물이 된 국가, 사회계급의 성층화가 점점 심해지고 인종갈등으로 분열되고, 신변안전문제로 공포에 떠는 나라는 세계무대에서 역할이 약화될 것이다. 또 국민들이 기존 정당들에 대해 환멸을 느끼고, 토크쇼의 선동가들과 텔레비전 복음주의자들(television evangelists)의 장광설에 현혹당하고, 연일 전파를 통해 전통정치로부터의 구원을 외치며 지지를 부탁하는 자칭 메시아들의 말에 솔깃해 한다면, 그것은 곧 민주주의의 위기가 될 것이다.[2] 민주주의가 미국에서 실패하고 있다고 생각하는 사람들이 점점 늘어간다면 민주주의에 관해 어떤 교훈을 세계 다른 나라 사람들에게 가르쳐줄 수 있겠는가.

이런 이유로 외교정책이 실효성을 갖기 위해서는 국내 사회의 요구와 맞물려 추진되어야 한다. 미국에 대해 아무런 위협도 되지 않는 나라에 별로 좋아하지도 않는 '민주주의,' '다원주의'와 같은 모호한 가치를 추구하는 데만 정신이 팔려 말장난이나 즐기고 있을 수는 없다. 그렇게 되면 우리의 노력은 수포로 돌아갈 것이며, 그같은 돈키호테적 목표를 지지했던 국민들에게 환멸만 안겨주게 될 것이다.

지금의 국익개념은 매우 비현실적이다. 이 점은 1994년 9월 미국이 하이티를 점령했을 때 대통령 안보담당 보좌관이 한 말에서 잘 나타나고 있다. 그는 화려한 언변으로 미국의 적들은 "극단적 민족주의자, 부족주의자, 테러리스트, 조직범죄, 쿠데타 음모세력, 깡패국가 그리고 신생 자유사회를 어려운 과거로 되돌리려는 모든 사람들"로 규정했다.[3] 미국을 이처럼 나머지 세계 대부분을 상대로 한 십자군으로 만들어 놓았기 때문에, 미국이 혼자 남았음을 알았을 때 클린턴 정부가 한 지역, 한 지역씩 철수해야 하는 사태가 벌어진 것도 놀랄 일이 아니다.

우리는 수십 년 동안 계속해서 외교정책상 '위기들'을 겪었다. 수많은 위기로부터 겨우 빠져나온 지금, 또 다시 세계를 구원하

2. 1994년 TMCPP가 행한 정치적 이슈와 정당들에 관한 투표자 행태에 대한 여론조사에서 유권자들은 "성내고, 자기집착적이며 정치적 정향성이 없는" 것으로 밝혀졌고, "현재 체제에 대한 좌절과 대안적인 정치적 해결과 호소에 대하여 뜨거운 반응성"을 보였다. *Los Angeles Times*, p.1 and *New York Times*, p.A12, Sept. 21, 1994.

3. Anthony Lake, "The Reach of Democracy," *New York Times*, Sept. 23, 1994.

기 위해 값비싼 모험에 뛰어들 기분은 아니었다. 그런 외교현안을 택한 지도자는 실패할 수밖에 없고 국민들로부터 지지를 상실하게 될 것이다. 그렇게 될 경우 애초의 거창한 계획이 무산될 뿐만 아니라, 나아가 바람직한 목표―예를 들면 다른 강대국과 협력하여 지역분쟁을 해결하는 일―까지도 당연히 비난받게 될 것이다. 왜냐하면 균형감각을 상실했기 때문이다.

냉전시대에는 외교정책이 전부였다. 탈냉전시대인 지금은 대내정책이 최우선과제가 되고 있다. 이것은 자연스럽고 전적으로 올바른 추세이다. 전쟁이 끝났을 때마다 이러한 현상이 나타나는데 그것은 원래의 균형을 회복함을 뜻한다. 우리의 외교정책은 우리 내부사회로부터, 미국 국민들의 요구와 가치로부터 흘러 나와야지, 지난 반세기처럼 다른 곳으로부터 나와서는 안된다.

클린턴 정부는 과거의 낡은 봉쇄정책을 "시장민주주의 국가들로 이루어지는 세계의 자유공동체(free community)를 확장해 나가는 것"[4]으로 대체한다고 선언한 바 있다. 이것은 그의 경제중시 입장이 반영된 것이다. 이같이 선언한 배경에는 자유시장은 자유사회를 필요로 하며, 민주주의 국가들끼리는 싸우는 경우가 드물다는 가정이 깔려 있다. 그러나 빠른 속도로 성장하고 있는 아시아의 '호랑이들'을 비롯해 세계를 보면, 시장경제의 성공과 민주주의 사이에 필연적 관계가 있는 것이 아님을 알 수 있다. 양자

4. Thomas L. Friedman, "U.S. Vision of Foreign Policy Reversed," *New York Times*, Sept. 21, 1993.

사이에 인과관계가 있어야 한다는 생각은 기껏해야 희망사항일 뿐이며, 근본적으로는 편협한 자만심의 소산으로서, 정책이라기보다는 착각에 지나지 않는다.

일본을 비롯한 많은 나라들은 경제성장분을 미국처럼 주로 국내소비를 확대하는 데 써버리지 않고, 생산을 늘리고 해외시장에 침투하고 해외재산을 늘리고 자신의 힘을 증강시키는 데 사용한다. 중국이 더 부유해지면 덜 권위주의적인 국가가 될 수도 있지만 그렇지 않을 수도 있다. 그러나 군사비 지출을 증가시키고 있는 데서 알 수 있듯이 중국은 점점 더 강력한, 독자적인 목소리를 내는 국가가 될 것이다. 일본이 그의 경제력에 상응하는 군사잠재력을 가져야 한다는 주장이 이제 도쿄에서 공공연히 제기되고 있다.

내일의 미국은 냉전시대의 미국만큼 세계를 마음대로 할 수 없을 것이다. 미국은 시장경제복합체의 한 부분이 될 것이다. 그 복합체의 일부는 민주주의적 성격을 띠겠지만 일부는 그렇지 않을 수도 있다. 그러나 이들은 모두 자기 자신의 주장을 가진 쉽지 않은 경쟁상대가 될 것이다. 미국의 군사력에 대해 동맹국들이 경의를 표하던 시대는 지나갔다. 사실 동맹의 시대는 끝났다.

단일의 위협세력이 사라진 세계에서 동맹은 의의를 상실했다. 그리고 무력대결과는 달리 무역전쟁에는 동맹국이란 없고 경쟁자만 있을 뿐이다. 냉전시대의 중추적 동맹기구였던 NATO조차도 적이 사라지자 위축되어가고 있다. 현재 NATO의 주된 기능은 군사적이라기보다는 행정적, 심리적인 것이다. NATO참모본부는 수행해야 할 군사적 의무를 갖고 있지 않으며 적으로부터 안보를 지킨다는 환상은 이미 사라졌다. NATO는 점차 과거 유럽협조체제처럼 프랑스와 독일을 기축으로 하는 본질적으로 유럽인의 동맹으로 바뀔 것이다. 그렇게 되면 이 동맹체제내에서 미국이 담당해야 할 역할은 현저히 줄어들 것이다.

이것은 유감스러워 할 일이라기보다는 기뻐해야 할 일이다. 왜냐하면 다른 나라들이 스스로 능히 잘 처리할 수 있는 일을 미국이 성가시게, 혹은 일부러 떠맡을 필요가 없어지기 때문이다. 낡은 기구에 대해 구태의연한 사고방식을 버리지 못한 것은 허영심에 사로잡혀 우리의 진정한 이익이 무엇인가를 냉정히 되돌아보지 않았기 때문이다.

미국의 새로운 외교-냉전적 사고방식에서 탈피한 외교-는 다음과 같은 실천상의 몇 가지 문제를 제기한다. 먼저 미국은 국가 및 시민의 복지에 대해 국가가 어떤 책임을 갖고 있는지를 물어봐야 할 것이다. 그리고 무력개입을 할 경우 그 명분은 어떠해야하며, 감수할 수 있는 비용의 규모는 어느 정도인가? 단독으로 작전을 수행할 것인가 아니면 늘 다른 나라와 공동으로 행동해야 할 것인가? 어떤 경우 인도주의에 입각한 행동(기아를 구호하고 무고한 인명피해를 막는 행위)이 정치적 행위(국가를 세우고 질서를 유지하는 행위)로 바뀔 수 있는가? 외교정책을 수립하는 데 있어 도덕성은 어떤 위치를 차지하는가?

이 마지막 질문은 미국인들에게는 특별히 답변하기 어려운 문제이다. 다른 어떤 나라 사람들보다 우리 국민들은 외교정책수립에 도덕적 요소를 중요시 한다. 과거 국민들이 반공이라는 목표에 쉽게 합의할 수 있었던 것도 부분적으로는 도덕적 요인이 접착제 역할을 했다. 심각한 안보위협이 사라진 냉전 이후에는 도덕적 고려가 해외개입여부 결정에 영향을 미치는 경우가 더욱 빈번해졌다. 국가차원에서 도덕적 행위란 어떤 것을 말하는가? 남의 나라 문제에 개입하는 것이 도덕적으로 정당화될 수 있는 것은 어떤 때인가? 이런 것들은 모두 대답하기 쉽지 않은 문제이다. 좋은 의도를 가진 사람들 사이에도 어떤 상황의 도덕성을 판단하는 데는 의견이 일치하지 않을 경우도 있다. 클린턴 정부가 보스니아에 대한 당초의 개입계획을 철회한 것도 이 문제에 관해 합의를 도출할 수 없었기 때문이다. 어떤 사람들은 도덕적으로 정당한 반발로 보는 것을, 다른 사람들은 외부인이 해결할 수 없는 발칸인 내부의 반목으로 보는 경우도 있다.

어떤 상황에서 미국이 다른 나라의 국내문제에 개입할 수 있는가? 대략 두 가지 논지가 있을 것 같다. 도덕성과 국익이다. 대부분의 미국인들은 기근, 전염병, 가뭄과 같이 매우 예외적이고 심각한 인간의 고통을 덜어주기 위해 개입하는 것을 정당하다고 생각하는데 이는 도덕성이라는 범주를 고려했기 때문이다. 소말리아에 대해 우리가 애초 가졌던 목표도 이것이었다. 그러나 이 목표는 나중에 '국가형성(nation-building)'이라는 거창한 생각으로 변질되어 버렸다.

　자연재해 구조 이외에 문명국가 공동체가 용납할 수 없는 것으로는 인종학살이 있다. 종족, 인종 또는 사회계급을 이유로 사람을 학살하는 행위에 대해서 외부강대국은 개입할 권리가 있을 뿐만 아니라 개입하는 것이 의무이기도 하다. 이때 개입은 유엔을 통해서든 상호합의에 의해서든 공동보조를 취하는 것이 이상적이다. 1994년 르완다사태 때 50만 명 가량의 투치족이 후치족에게 살해당했다. 이때 미국은 개입하지 않았는데 이는 수치수런 일이다. 오직 프랑스만이 명예스럽게도 군대를 파견해 유혈사태를 종식시켰다. 1970년대 후반에 크메르 루지가 캄보디아를 공산주의로 '정화(purify)'한다는 명목으로 200만 명 가량의 자국민을 살해했을 때, 서방국가 중 어느 한 나라도 나서지 않은 것 또한 부끄러운 일이다. 결국 그 킬링필드에 들어가 대량학살을 중단시킨 것은 이웃 베트남이었다.

　만일 르완다나 캄보디아에 무력으로 개입하는 것이 정당한 일이라면, 보스니아나 하이티에 대한 개입은 왜 정당화될 수 없는가? 정치적 사안이 대개 그러하듯 개입해도 좋은 경우와 그렇지 않은 경우 사이에 경계선을 명확히 그을 수는 없다. 그러나 몇 가지 중요한 차이점이 있다. 보스니아전쟁은 내전이었다. 시민들은 민족이 다르다는 이유로 총알의 표적이 되었으며, 인종청소를 위해 가정에서 쫓겨났으며, 가공할 인권유린이 발생했다. 그러나 이 전쟁은 전통적인 영토전쟁이었지, 시민살해 행위의 의도나 결과가 '한 민족에 대한 조직적 말살행위'로 정의되는 인종학살의 범주에 속한 것은 아니었다. 미국은 분리되어 나간 뒤 일방적으로 독립을 선언한 국가를 보호해 줄 책임은 없다.

하이티에서는 지배엘리트가 협박과 테러를 통해 빈곤한 프롤레타리아트층을 억압해 왔기 때문에, 수세대에 걸쳐 현저한 인권침해가 발생했었다. 그러나 세계 대부분의 지역이 이러한 상황 속에 살고 있다. 전 세계, 아니 북반구에 있는 억압정권을 모두 무너뜨려야 한다는 주장은 파괴적인 정의의 전쟁을 끝없이 수행하자는 것과 마찬가지이다. 미국 국민들은 그런 전쟁을 명예스럽게 생각지도 않을 것이며, 지지해 주지도 않을 것이다.

위의 사례에서 알 수 있는 교훈은 도덕적 고려 때문에 개입해서는 안된다는 것이 아니다. 어떤 경우에 우리는 마땅히 개입해야 하고 또 개입하지 않으면 안될 때가 있다. 예컨대 르완다나 캄보디아사태처럼 그런 끔찍한 사태의 신속한 중단이 가능하거나, 그것이 나치독일의 광란적 대량학살처럼 서구문명의 기반을 흔들 정도의 대규모인 경우가 그것이다.

외교정책이 성공을 거두려면 반드시 미국 국민들의 지지를 받아야 한다. 여론의 지지를 받기 위해서는 외교정책이 돈키호테적이거나 막연한 유토피아를 추구해서는 안된다. 전 세계의 민주화 혹은 '세계질서'의 확립과 같은 불가능한 목표를 추구해서는 안된다. 말만 거창하게 할 것이 아니라 적정수준의 희생으로써 목표달성이 가능하고, 고통이나 불공정이 일상적인 수준을 넘어 용납할 수 없는 정도에 이르렀을 경우에만―그런 경우는 드물겠지만 있다면 매우 중요한 상황이 될 것이다―외교정책이 적용되도록 해야 할 것이다. 이것은 광신자나 십자군 용사들을 만족케 할 만한 외교방침은 아니지만 누구나 하겠다고 나설 수 있는 수준은 넘는다. 그러나 그것은 미국 국민들의 도덕적 가치와 조화되는 것이고, 그들로부터 지지를 받을 수 있을 만큼 충분히 현실적 수준으로 제한된 것이다.

이익은 과거와 마찬가지로 여전히 무력사용을 정당화시킬 수 있는 중요한 요소이다. 민주국가에서는 국민의 이익과 국가의 이익이 일치하고 있거나, 적어도 일치되도록 노력해야 한다. 사실 정치지도자들은 최근 베트남전쟁의 예에서 보듯이 가끔 '국가이익'에 대해 환상적인 생각을 갖고 있는 경우가 많은데, 그로 인해 나라를 파멸로 이끌 수도 있다. 이런 경우에는 지도자를 새로 선출하는 것만이 유일한 해결책이다.

미국이 자신의 이익을 추구하기 위해 무력을 사용해야만 하는 경우는 무수히 많다. 중요한 천연자원의 보호, 미국안보와 직결되는 지역에서 발생하는 혼란의 진압, 밀수꾼, 불법이민, 테러리스트 등이 침투하지 못하도록 국경을 경비하는 일, 서유럽과 같은 핵심지역에서 우리에게 유리한 세력균형이 유지되도록 하는 일, 핵무기 또는 생태계에 대한 위협으로부터 국민의 안녕을 지키는 일 등이 그것이다.

사실 미국의 이익과 관련된 문제는 일일이 열거하자면 끝이 없다. 그렇다고 원칙이 없는 것은 아니다. 더구나 군사개입이라는 문제와 관련해서는 엄격한 판단기준이 있다. 민주주의를 확립하기 위한 개입, 보다 나은 세계건설을 위한 개입, 또는 마음에 들지 않는 이념이나 종교와 투쟁하기 위한 개입 등은 여기에 포함되지 않는다. 미국은 세계의 모든 잘못을 바로 잡으려 하거나 세계 모든 사람들에게 우리의 생활양식을 전파하려 해서는 안된다. 이런 것들은 불가능하며 자기파괴적 목표이다. 우리의 외교정책은 발작적 자기도취나 독선적 십자군의식에서 나와서는 안된다.

국가의 사활이 걸린 치명적인 천연자원의 공급을 차단하는 일은 호전적이고 공격적 행위로 간주되는 것으로써 옛부터 전쟁의 한 원인이 되곤 했다. 강대국이라면 기름뿐만 아니라 다른 상품에 대해서도 자신의 이익을 지킬 수 있어야 한다—기름에 대해서 미국은 먼저 절약할 수 있는 방안을 강구하여 수입을 줄이도록 노력해야 할 것이다—.

자신의 국경을 통제할 수 없는 나라는 국민생활을 제대로 보살필 수 없다. 우리나라는 이민국가이다. 따라서 우리의 난민정책은 자유스럽고 동정적이어야 한다. 그러나 무능하고 무정부적인 정책이 되어서는 안될 것이다. 그리고 마약거래자나 테러리스트들처럼 우리에게 해를 끼치는 자들에 대해서는 적절한 힘으로 우리 자신을 보호할 수 있어야 한다.

세력균형 개념에는 19세기적 색조가 들어 있다. 그러나 그것은 아직도 현실이다. 미국은 금세기에 들어와서 유럽대륙에 세 번이나 개입했었다. 어떤 단일국가가 유럽대륙을 지배하지 못하도록 하고, 유럽에 계속 미국에 유리한 힘의 균형이 유지되도록 하기 위해서였다. 아시아에 대해서도 마찬가지이다. 외교적 수단이 실패할 경우 무력수단에 호소해야 할 경우가 또 다시 생길지도 모른다.

마지막으로 우리의 생존에 대한 다른 위협요소들—핵무기로 무장한 깡패국가 또는 테러집단, 환경을 오염시키고 대체불가능한 천연자원을 파괴하는 등 우리의 자연적 거주공간을 위태롭게 하는 국가 또는 거대기업들—에 대해서도 궁극적으로는 무력을 사용해야만 통제할 수 있을지 모른다. 힘은 나쁜 것이 아니다. 다만 그것을 잘못 사용하는 것이 문제일 뿐이다.

만일 무력을 사용할 수밖에 없다면 '어떻게' 사용해야 할까? 네 가지 방법이 있다. 미국이 세계 유일의 최강대국으로써 단독으로 행동하는 방법, 냉전 때처럼 우리보다 약한 나라들과 동맹을 구축하는 방법, 걸프전 때처럼 일시적 연합을 조직하는 방법, UN이나 OAS(Organization of American States)와 같은 다자기구를 통해 행동하는 방법이 그것이다. 어떤 방식이 적합할지는 상황에 따라 달라질 것이다. 그러나 공식적 동맹은 과거의 단일 중요 적국이 사라졌기 때문에 그 타당성을 잃거나 유용성이 떨어져 이제는 타성적으로 유지되고 있는 일종의 관료기구가 되어 버렸다. 걸프전에서 적용됐던 일시적 연합(temporary coalitions) 결성은 단일 주요 국가가 얼마 만큼 기꺼이 행동을 조직하고 사태해결의 짐을 떠맡으려 하느냐에 달려 있는 것으로 보인다. UN이나 다른 국제기구를 통한 다자행동 방식은 앞으로 점점 더 자주 사용될 것 같다. 이 방법은 부담이 한 국가에게 집중되는 것을 막아주고 책임을 분산시켜 준다. 그러나 이것은 주요 강대국들 사이에 이해관계가 일치될 때만 가능하다. 그래서 대개는 보스니아전쟁에 대한 UN의 결의안에서 보듯이 합의할 수 있는 최소의 공통분모만을 결의하게 되는 경우가 많다. 이럴 경우 물론 다자기구를 통한 사태해결 방식은 본질적으로 실패했다고 할 수 있다. UN은 세계정부의 집행부 역할을 수행할 만한 준비가 갖춰진 것도 아니며 이 문제에 관해 주요 강대국들의 지지도 얻지 못하고 있다.

현재 이 다자주의가 선호되고 있는 이유는 자국과 직접적인 이해관계가 없는 멀리 떨어진 지역에 질서를 확립하기 위해 많은 희생을 기꺼이 치르려는 국가가 별로 없기 때문이다. 현실이 이러하기 때문에 결과적으로 UN은 자신의 원대한 이상에 걸맞게 행동하지 못해 왔다. 그 때문에 행동이 가능한 지역에서조차 신뢰성을 잃고 있다. 나아가 다자주의는 사태의 결과에 대해 직접적이고 중요한 관계를 갖고 있는 지역강대국이 개입하여 위기를 완화시키는 방법마저 사용할 수 없게 만들고 있다. 보스니아사태 때 전 세계가 대부분 수수방관만 하고 있었던 이유는 사태해결 능력을 지닌 미국은 이 지역에 충분한 이해관계가 없는 반면, 중요한 이해관계를 갖고 있는 유럽인들은 행동을 취할 수 있을 만큼 충분히 조직화되지 못했기 때문이다.

이같은 딜레마를 해결하려면 세계 전체 세력균형에 영향을 주지 않은 지역분쟁은 그 지역의 주요 강대국이 (가급적 국제사회의 승인을 얻어서) 처리하도록 하는 것이 좋을 것이다.

우리는 덧없는 세계안보를 추구하지 말고 대신 찰스 메인즈(Charles W. Maynes)가 주장한 것처럼 지역별로 어떤 강대국이 특별한 안전보장적 역할을 떠맡도록 하는 '지역적 안보자립(regional self-reliance)'정책을 촉진하도록 해야 할 것이다.[5] 달리 말해 우리는 오랫동안 전통적으로 내려온 세력권의 존재를 인정해야 한다. 과거 우리는 먼로독트린이라는 일방적 선언을 통하여 유럽에 대해 이것을 열심히 주장했던 적이 있다.

국가간 평등을 주장하는 사람들이라 할지라도 만일 지역강대국이 미국이나 유럽연합처럼 민주주의 국가이거나, 러시아처럼 민주주의로 이행중인 국가일 경우 이같은 지역적 안보정책을 쉽게 받아들일 수 있을 것이다. 냉전이 지나간 지금 이 자비로운 세력권 정책(benign spheres-of-influence policy)의 실현가능성이 과거에 비해 훨씬 커지고 있다. 게다가 이 정책은 다른 어떤 대안보다도 더 현실적이다.

우리는 근래 몇 가지 사건을 겪는 동안 지역 강대국만이 지역분쟁을 처리할 의향을 갖고 있다는 사실을 알게 되었다. 메인즈(C. W. Maynes)가 지적했듯이 이디 아민의 살인정권을 물러나게

5. Charles William Maynes, "A Workable Clinton Doctrine," *Foreign Policy* 93, Winter 1993-94, p.10.

한 것은 이웃 탄자니아였지 UN이나 멀리 떨어져 있는 강대국이 아니었다. 동벵갈에서 벌어진 파키스탄 군인들의 인종청소운동을 저지시킨 것은 인도였다. 코카서스의 살인적 무정부 상태를 중단시킬 수 있는 능력과 의도를 가진 나라가 러시아뿐이었듯이 그라나다, 파나마, 하이티의 질서회복을 위해 개입한 것은 미국이었다. 미국이 베트남전쟁이라는 재앙 속으로 빠져든 것도 베트남이 중국의 세력권에 속해 있다는 현실을 무턱대고 인정하려 하지 않았기 때문이었다.

세력권 정책은 캐나다, 멕시코, 카리브해 국가들과 우리 사이의 관계를 규정짓는 기반이 된다. 러시아와 이전의 소비에트 연방권, 중국과 동남아시아의 관계 역시 마찬가지이다. 이 정책은 강대국과 약소국이 공존하는 방식이다. 어떤 국가도 다른 국가보다 상위의 권리를 갖지 않는다는 국제사회의 국가간 평등원칙을 신봉하고 있는 사람들에게는 이 세력권 정책이 틀림없이 옳지 않은 것으로 여겨질 것이다. 하지만 이것이 우리가 살고 있는 현실이다. 이것은 무분별한 세계주의나 실현가능성이 없는 유토피아적 비전을 대신할 실현가능성 있는 대안이 될 수 있다.

유토피아주의는 고립주의만큼이나 비현실적이고 위험하다. 지금까지 우리가 진정으로 고립주의 국가였던 경우는 한 번도 없다. 경제적으로나 기술적으로 하나로 통합되어 있는 지금의 세계에서 고립주의 국가가 될 수 없음은 더더욱 확실하다. 그러나 우리는 또한 군사력 만능주의와 세계에 대한 무제한적 책임이라는 냉전시대의 잘못된 사고방식에 매달려 있을 여유가 없다. 그것은 환상이며 실패할 수밖에 없고 민주주의 정부에 대한 불신만 낳을 뿐이다.

우리는 승리했다면 승리했다고 할 수 있다. 그러나 전쟁은 끝났다. 우리는 지금 평화의 시대—그렇게 부를 수 있을지 모르겠으나—를 맞이하고 있다. 그러나 세계의 모든 지역이 평화로워진 것도 아닐 뿐더러 이 평화가 영원히 계속되지 않으리란 것도 틀림없다. 우리가 지금 해야 할 일은 전쟁과 같은 영웅적 행위가 아니다. 하지만 우리의 한계를 인식하고 세계를 우리 생각대로 바꾸겠다는 허영심을 버리고 이제까지 방치해둔 우리 자신의 내부 사회의 미래를 위해 노력하는 일 역시 결코 쉬운 일은 아니다. 그리고 그것은 또한 매우 중요한 일이기도 하다.

지금 미국인들은 자신의 정치체계, 별 문제도 되지 않는 해외에서 발생하는 작은 위기들에 대해 자신감을 상실하고 비틀거리고 있다. 그렇지만 외교정책 분야에서는 어느 때보다도 행동의 자유를 누리고 있다. 전성기를 구가하던 19세기 중엽의 영국처럼 우리는 도전자가 전혀 없는 것은 아니지만 아직 우리만큼 강한 나라가 없는 세계 속에 살고 있다는 것은 확실하다. 우리에겐 우려할 만한 적이 없다. 따라서 동맹도 불필요하다. 이것이 바로 영국이 스스로 '영광스런 고립(splendid isolation)'의 시기라고 불렀던 것에 해당한다.

최근 수년 동안 이 용어는 너무 많이 남용되어 왔다. 이 말이 당시 영국이 지금의 미국보다 더 고립되어 있었음을 뜻하는 것은 아니다. 오히려 그 반대이다. 그때처럼 영국이 세계에 대해 많이 개입한 적은 없었다. 그러나 그들은 자신들의 기준에 입각해서 개입했다. "우리에겐 영원한 동맹도 영원한 적도 없다. 영원한 것은 우리의 이익만이 영원할 뿐이다. 그 이익을 추구하는 것이 우리의 임무이다." 이것은 당시 영국의 어느 저명한 정치가가 한 말이다. 영국은 다른 강대국들, 즉 야심만만한 열강들 속에서 살았다. 그 열강들 중 어느 나라도 영국의 행복을 빌어주지 않았다. 그러나 영국의 힘과 외교적 기민성과 가치를 존경하는 법을 배워야만 했다.

결국 외교적 수단이 아무리 능수능란했어도 권력이동의 물결을 벗어날 수는 없었다. 그러나 영국의 외교는 한 세기 동안 영국에게 안전과 번영을 가져다 주었다. 영국이 만일 여러 나라에 둘러싸인, 자원도 별로 없는 섬나라가 아니라, 미국처럼 주위에 약한 이웃들만 있고 비할 바 없이 풍요로운 대륙을 가진 나라였더라면 영국의 영광은 더 오래 갔을지도 모른다.

냉전이 지나갔듯이 미국의 세기도 지나가고 있다. 냉전은 우리에게 목적의식을 주었다. 그것이 사라지자 우리는 국내문제가 우리의 발목을 잡고 있음을 깨달았다. 그러나 이 국내문제들은 퍼레이드나 드럼소리와 같은 결의를 과시하는 것으로는 해결될 수 없다. 미국의 가장 매력적인 특성이었던 자신감은 서서히 사라지고 나라는 혼란과 고통 속에 방치되어 있다. 외교정책은 오랫동안 이 문제에 대한 유용한 탈출구였다.

그러나 더이상 외교정책이 탈출구가 되지 못한다. 우리는 국내 문제들을 고통스럽지만 현실로 인정하고 정면대결해야 한다. 그리고 우리는 외교정책을 탈출구나 하나의 구원의 수단이 아닌 세계 속에서 (늘 상호경쟁하고 가끔은 협력하기도 하는 다양한 국가들이 존재하는 세계 속에서) 우리의 길을 열어가는 수단으로서 인식해야 한다. 외교정책에 대해 우리는 환상을 가져서도 안되며 그렇다고 냉소적으로 무시해서도 안된다. 외교는 어떤 영웅적 과업이 아니다. 그러나 그것은 매우 중요하다. 왜냐하면 우리의 고상한 이상, 정당하게도 '미국의 미래(Promise of American Life)'라고 불리는 우리의 비전을, 우리가 보존하고 지켜나갈 수 있느냐의 여부가 바로 외교정책의 성공 여부에 달려 있기 때문이다.

부록

『평화를 넘어서』

Richard M. Nixon, *Beyond Peace*
(New York: Random House, 1994)

　미국의 37대 대통령 리처드 닉슨. 우리는 그를 생각할 때면 흔히 두 가지의 역사적 사건을 떠올리게 된다. 그 중 하나는 워터게이트 사건으로 대통령직에서 물러난 일이며, 다른 하나는 소련의 팽창주의 정책을 차단하고자 1972년에 중국과 국교를 수립한 일이다. 그런 그가 공직에서 물러난 이후 20여 년에 걸쳐 아홉 권의 저서를 펴냈다. 그리고 얼마 전 그의 열한 번째되는 저서가 미국의 유명한 출판사인 랜덤하우스에서 출판되었다. 불행히도 이 책이 세상에 나온 것을 보지 못하고 얼마 전 뇌일혈로 세상을 뜨고 말았지만 그가 병석에 눕기 바로 직전에 이 책의 모든 원고 정리가 완결되었다는 것은 다행스런 일이라 생각지 않을 수 없다. 물론 이 책은 현재 뉴욕타임스 북리뷰지 비소설분야에서 베스트셀러로 올라와 있다.

　이 책이 쓰여지게 된 배경은 이렇다. 지금의 국제정치질서는 냉전의 잔영이 완전히 지워진 상태도 못되고, 그렇다고 냉전 이후의 새로운 국제 정치질서가 확립된 상황도 못된다는 것이다. 더구나 오늘 이후의 국제정치상황이 냉전체제가 무너졌다 해서 장미빛 일색의 낙관적인 상황이 될 것이란 생각은 더더욱 아니다. 즉 일종의 새로운 혼돈과 무질서가 팽배해져 가고 있는 상황이며, 여기에 이러한 혼돈과 무질서를 새로운 차원의 안정된 평화의 상태로 이끌 수 있는 주도적인 국제적 리더쉽을 갖춘 역할론자가 필요한데, 이 역할을 미국이 자임하고 나서야 된다는 것이다. 왜냐하면 현상태에서는 미국만이 정치·경제·군사적으로 복합적인 균형된 힘을 가지고 있으며, 자유를 확대, 보호할 수 있는 신념을 지니고 있다는 것이다. 독일과 일본은 경제적 힘은 가졌으되 군사적 힘은 아직 미약한 상태이고, 중국과 러시아는 잠재적 군사력은 보유하고 있으나 경제력은 미미하기 그지없는 상태이기 때문에 냉전시대를 거치면서 얻은 교훈, 즉 조화로운 국제관계, 무제한적인 세계적 자유무역을 통한 경제적 반성, 자유와 인권의 확대 등에 대한 갈망을 탈냉전시대의 이상적인 미래비전으로 구체화시켜 나가려면 미국이 역시 주도적인 역할을 하고 나서야 된다는 것이다. 현 클린턴 행정부가 그렇게 하지 못하고 있는 것에 대한 통렬한 비판이 아닐 수 없다. 이렇듯 자국의 외교정책의 부재에 대한 비판을 시작으로 러시아에 있어서 옐친의 지도력 문제, 제2의 러시아혁명의 목표라 할 수 있는 러시아 내에서의 정치·경제적 자유화 가능성, 개혁세력들의 후퇴와 반 개혁세력들의 득세, 지리노프스키의 정치적 기반과 러시아 하원인 두마(Duma)의 힘, 루츠코이 전 부통령의 의중 등 러시아의 정황이 생생하게 정리되어 있다. 또한 미국과 유럽과의 관계에서는 러시아 제국주의의 부활 및 발칸반도의 민족분규, 동유럽에서의 분쟁, 중부유럽에서의 정치적 불완전성을 막기 위해서라도 유럽에서의 나토의 역할이 지속되어야 함을 강조하고 있으며, 벨기에 외상인 마크 에이센의 말을 인용 "유럽공동체는 경제적으로는 거인이나 정치적으로는 아직 난장이이며, 군사적으로는 벌레"라는 주장과 같이 아직 제대로의 역할을 해내기가 어렵다고 보고 있다. 특히 아시아 문제에 관련해서는 20C에 유럽에 쏟았던 미국의 모든 관심과 열정을 21C에는 아시아, 태평양 지역에 다 쏟아야 한다고 강조하고 있다. 특히 이 지역에서 중국의 역할은 북한의 불길한 핵무기 개발에 굴레를 씌울 수 있는 데 필요한 지렛대를 갖고 있는 유일한 국가이며, 전 세계 어떤 지역에서도 미국의 국익에 방해를 놓을 수 있는 나라인 만큼 중국의 능력을 과소평가하지 말라고 경계시키고 있을 만큼 중국의 중요성을 강조하고 있다.

그밖의 회교권과의 관계에서는 사뮤엘 헌팅턴 교수의 '문명의 충돌'론에서와 같이 문명의 충돌이 탈냉전시대의 지배적인 특징이 되지 않도록 해야 한다는 것이며, 칸트가 주장한 '영구평화론(永久平和論)'은 유고의 내전에서 이미 '어둠의 악령'으로 무너져갔다고 언급하고 있다. 그밖의 미국내 문제와 관련하여 강력하지만 제한적인 정부, 감정에 흐르지 않는 이상주의와 계몽된 현실주의, 언론, 정부의 신화, 복지, 범죄와 인종, 대중문화의 부재와 마약 등에 대한 세부적 대안까지 제시해 주고 있다. 또한 의회는 대통령의 외교활동을 제한해서는 절대로 안된다는 점을 강조하고 있다.

닉슨은 이 책『평화를 넘어서』라는 제하의 의미를 종전의 평화가 동서냉전의 지속에 따라서 전쟁의 방지에 최우선적인 의미를 부여했다면, 구소련의 해체와 동유럽 국가들의 탈공산화로 말미암아 이제 평화의 질을 한 차원 높여나가야 됨을 의미한 것으로 함축해 내고 있다. 그리고 바로 이러한 역할을 미국이 주도적으로 해야 함을 역설한 것이다. 이런 의미에서 이 책은 마치 헝클어진 실타래와 같이 복잡한 오늘의 국제질서를 매우 체계적이고 경험적으로 잘 정리해 놓고 있다. 이런 점에서 순수국제정치이론의 한계와 결함을 쉽게 뛰어넘고 있다. 또한 미국의 국익을 내세우고 있음에도 불구하고 조금도 어색하지가 않다. 그것은 헨리 키신저가 그의 최근의 저서인『외교』에서 다음과 같이 닉슨을 평가한 특징 때문일까?

"그는 대단한 사회적 분석능력과 비상한 지정학적 직관력을 지닌 사람으로, 데오도르 루스벨트 이래 국가이익의 이름으로 미국외교정책을 수행한 첫 번째 대통령이었다."

키신저의 이러한 평가에 맞게 그는 평화를 지키는 것은 전쟁을 수행하는 것만큼 중요한 것으로 인식되어야 한다는 것을 강조하고 있으며 우리가 이 시대에 놓여진 도전들을 어떻게 대응해나가느냐에 따라서 우리의 미래뿐만 아니라 평화와 번영, 그리고 전 세계인들의 자유가 결정된다는 것을 역설하고 있다.

::

『21세기 미국 파워』

Josep Nye, *Bound to lead*
(Basic Books, Inc., 1990)

미국의 유명한 역사학자인 폴 케네디 교수는 그의 저서 『강대국의 흥망성쇠』에서 앞으로의 미국은 쇠퇴할 것이란 전망을 내놓자 조셉 나이 교수는 이와 같은 미국의 쇠퇴론은 잘못된 가정일 뿐만 아니라 현대의 미국의 파워를 정확하게 분석하지 못한 결과에서 비롯된 것이라는 반론을 펴고 나섰다. 이 책은 바로 폴 케네디나 레스터 써로우와 같은 학자들의 미국쇠퇴론 혹은 미국의 몰락이론에 자극을 받고 쓰여진 책이다. 이 책은 세계정치의 변화를 어떻게 이해해야 하는가에 대한 조셉 나이 교수의 오랜 관심의 소산이자 보다 가깝게는 하버드 대학교 과학 및 국제문제 연구소의 핵전쟁 방지 프로젝트의 소산이다. 소위 미국의 쇠퇴론을 주장했었던 왈터 스틴, 데이비드 칼리오, 왈터 미드, 레스터 써로우, 폴 케네디 등의 주장은 현대 미국의 힘을 파악하는 데 있어서 정확한 진단이 아니라는 것이다. 이들의 역사적 비교와 몰락이론을 바탕으로 한 정책수립을 시도하기에 앞서 반드시 해야 할 일은 미국의 현황에 대한 정확한 평가라는 것이다.

이 평가는 첫째 미국의 지금의 현황은 어떠한 것인가, 둘째 그것은 어떻게 달라지고 있는가, 셋째 그러한 변화의 원인은 어디에 있는가, 넷째 적절한 대응책은 무엇인가 하는 네 가지 문제에 대한 고찰을 기초로 하고 있다.

이 책의 제1부는 과거에 존재했던 강대국의 성격을 다루면서 제1장에서는 패권적 혹은 지배적 강대국의 역사를 검토하고 있다. 제2장에서는 과거의 빅토리아 시대의 영국과 지금의 미국을 비교하는 것이 과연 타당성이 있는 것인가를 밝히고 있다. 그리고 제3장에서는 2차대전 이후 오늘에 이르기까지의 미국의 힘의 범위와 본질을 세부적으로 검토하고 있다.

제2부에서는 4장과 5장에서 주로 미국에 대한 잠재적 도전국들, 즉 소련, 중국, 유럽, 일본 등이 미국을 밀어내고 세계의 지도적 강국으로 부상할 수 있는 가능성을 분석하고 있다.

궁극적으로 이 책에서 밝히고자 한 것은 미국이 지도적 세력으로서의 지위를 계속 유지하게 될 것으로 결론짓게 되지만, 제3부에서는 전통적 방법에 의한 힘의 분석을 바탕으로 그같은 결론에도 불구하고 미국이 마냥 태연할 수 없는 이유를 설명하고 있다.

제6장은 현대 세계에서 변화하는 힘의 성격을 검토하고 있고, 제7장에서는 이와 같은 힘의 변화가 미국사회에 어떠한 영향을 미치게 되는가를 분석하고 있다. 그러면서 필자는 만일 국제 경쟁이 미국인들로 하여금 그들의 자만과 지역주의를 극복케 하여 필요한 내부개혁을 수행케 한다면 미국의 지도력은 21세기에도 지속될 수 있을 것이란 전망을 하고 있다. 끝으로 제8장에서는 미래의 문제들에 대처하기 위한 새로운 전략적 전망을 기술하면서 다음과 같은 결론을 내리고 있다.

세계정치 속에서 미국의 위상이 달라지고 있는 데 대한 미국사람들의 우려는 당연한 것이다. 그러나 이 문제를 미국의 쇠퇴로 보는 것은 그릇된 인식이다. 이와 같은 견해는 세계정치의 장기적 변화의 실제 원인에 대한 주의의 초점을 흐리게 하면서 미국의 위상을 강화하는 것이 아니라 약화시킬 대응책을 제시하게 된다는 것이다. 오늘날 미국은 세계 어느 나라보다도 많은 전통적인 힘의 경성자원을 보유하고 있고, 미국은 또한 국경을 초월한 연성자원도 보유하고 있다는 것이다. 이런 의미에서 20세기 말 미국의 처지는 20세기 초의 영국의 처지와는 판이하게 다른 것이다. 이렇게 볼 때 미국의 쇠퇴론을 주장한 학자들의 견해는 엉성한 역사적 유추와 그릇된 결정론적 시각이며, 이는 단지 학술적인 데에 머문 좋지 못한 것이란 주장이다. 결국 21세기의 미국의 문제는 새로운 헤게모니 도전자의 등장이 아니라 초국가적 상호의존이는 새로운 도전이란 것이다.

■ 저자 및 역자 소개

로널드 스틸(Ronald Steel)

노스웨스턴 대학과 하버드 대학에서 국제정치학을 공부한 후 예일, 프린스턴, 다트머스, 텍사스, UCLA 등 미국내 유수 대학에서 국제정치학 교수를 역임했고, 존 사이먼 구겐하임 재단, 우드로 윌슨 국제문제연구소, 베를린 고등연구학회 등의 연구원으로도 활동했다. 현재는 남 캘리포니아 대학의 국제관계학과 교수로 재직중이다. 그밖에 미국외교관계위원회, 역사학회, 국제전략문제연구소 등의 회원으로도 활동하고 있으며, 미국의 국립 서평협회로부터 서평상과 역사학회로부터 벤크로프트상을 받기도 했다. 저서로는『강대국의 유혹(*Temptations of a Super-power*)』이외에 미국외교정책의 방향을 제시한『팍스 아메리카나(*Pax Amer-icana*)』,『동맹의 종언(*The End of Alliance*)』,『제국주의자들과 또다른 영웅들(*Imperialists and the other Heros*)』등이 있다.

장성민

서강대 정치외교학과와 동대학 대학원 정치외교학과를 졸업했으며, 연세대 국제관계학대학원(GSIS)에서 국제정치학을 공부했다. 한빛국제문제연구소 연구원을 거쳐 영국 케임브리지 대학의 세인트 존스 대학(St. John's College) 국제학연구소에서 특설한 '현대영국과 국제문제'라는 과정을 마쳤다. 민주당 김대중 총재, 아시아 태평양 평화재단 김대중 이사장의 공보비서를 역임한 후, 현재는 새정치국민회의의 공보전문위원으로 있으며, 정치학을 비롯한 전문사회과학 서적의 출판평론가로도 활동하고 있다. 논문으로「마르크시즘과 모택동 사상」,「북한의 권력이동」,「한국전쟁과 남한의 민주주의」,「미국의 대북핵외교정책」등이 있으며, 평론으로는 리차드 닉슨의『평화를 넘어서』(R. Nixon, *Beyond Peace*)(동아일보 94. 6. 11), 넬슨 만델라의『자유를 향한 긴 여정』(N. Mandela, *Long Walk to Freedom*)(경향신문 95. 2. 27), 데이비드 매러니스의『일등생: 빌 클린턴의 일대기』(D. Maraniss, *First in His Class*)(시사저널 95. 3. 16), 뉴트 깅그리치 등의『미국과의 계약』(N. Gingrich, *Contract with America*)(조선일보 95. 4. 21), 제이크 톰슨의『밥 돌: 모든 계절의 공화당맨』(J. H. Thompson, *Bob Dole*)(시사저널 95. 5. 4), 리차드 닉슨의『더이상의 베트남은 없다』(R. Nixon, *No More Vietnams*)(조선일보 95. 5. 19), 마크 로버티의『홍콩의 몰락: 중국의 승리와 영국의 배반』(M. Roberti, *The Fall of Hong Kong*)(시사저널 95. 6. 15) 등이 있다.

....

강대국의 유혹

ⓒ 장성민, 1996

지은이／로널드 스틸
옮긴이／장성민
펴낸이／김종수
펴낸곳／도서출판 한울

편집책임／오현주
편집／신선경

초판 1쇄 인쇄／1996년 7월 5일
초판 1쇄 발행／1996년 7월 15일

주소／120-180 서울시 서대문구 창천동 503-24 휴암빌딩 201호
전화／326-0095(대표)
팩스／333-7543
등록／1980년 3월 13일, 제14-19호

Printed in Korea.
ISBN 89-460-2355-4 03340

* 값 6,000원